# JAの未来を拓く13のキーワード

～第30回JA全国大会決議の実践に向け



元

家の光協会

# はじめに

ＪＡ全国大会は、２０２４年10月に開催された大会で30回を重ねました。第１回の大会は、全国農業協同組合大会という名称で、１９５２年に三重県の宇治山田市（現在の伊勢市）の小学校の講堂で開催されました。その後、おおむね１年に１回開催されていた大会は、第10回大会から現行の３年に１回の開催となり、今日につながっています。

第１回大会では、「ここにおいて、われわれは組合組織の結束をますます固くし、（中略）もって農業協同組合に課せられたる重大なる使命を完遂せんことを期する」との決議がされました。「重大なる使命」とは、「早急に食糧自給度の向上、流通機構の整備、さらに農民経済の安定向上」と明記されています。そして、具体的な取り組みの第一として掲げられたのが「組合意識の昂揚」で、「組合結集力の強化を期するため（中略）あらゆる機会と方法をとらえ（中略）組合意識の昂揚に努めるものとする」とあります。

１９９４年に開催された第20回大会から、ＪＡ全国大会という名称に変わりました。

第20回大会では、「わが国農業の再建とＪＡグループの自己改革を重点」として「21世紀への農業再建とＪＡ改革」を大会の主題に掲げています。１９９４年というと、バブル経済の崩壊後で、農産物の輸入自由化や当時の農協のビジネスモデルの一つの根幹であった食糧管理制度の廃止の議論（１９９５年に廃止）と、わが国の農業と社会が大きく変化した時代です。国際化の進展と同時に、１９９０年の湾岸戦争以降、世界の情勢が大きく変化した時代でもあります。２０２４年現在のわたしたちの社会につながる課題が社会の課題として強く意識されだした時代です。

第20回大会から30年が経ち、本年、ＪＡ全国大会は第30回を迎えました。ＪＡを取り巻く環境、そしてＪＡそのものの環境は大きく変化を続けています。しかし、ＪＡの進む道は、第1回大会から変わっていません。第30回大会では、協同組合としての本質とＪＡの社会的役割、すなわちＪＡが社会に提供する価値が問い直されています。あらためて、環境変化を把握したうえで、協同組合の本質に迫ることが、わたしたちに求められています。本書が、次の時代に向けたＪＡ運動の活性化につながる一助となることを期待します。

# 目次

第2章

# これからの農業



第3章

# わたしたちが取り組むべきこと

## ～「組織基盤強化＝JA仲間づくり戦略」に焦点をあてて～

# 第1章

# ＪＡを取り巻く課題

# 1 世界に翻弄される日本の食と農

## わたしたちが思っている以上の海外依存

日本の食料自給率は、２０２３年時点のカロリーベース（供給熱量ベース）で38％です。１９８９年に50％を割り込み、１９９９年に40％、近年はおよそ38％前後で推移しています。海外各国の食料自給率は、２０２１年時点でフランスが１２１％、ドイツが83％、イギリスが58％（農林水産省調べ https://www.maff.go.jp/j/zyukyu/zikyu_ritu/013.html）ですから、やはり海外に比べて低いといわざるを得ないでしょう。

わが国の食料自給率が低い理由は、「食生活の多様化が進み、国内で自給可能な米の消費が減少したこと、輸入依存度の高い飼料を多く使用する畜産物の消費が増加したこと等」（農林水産省「令和5年度食料・農業・農村白書」62頁）にあります。

キーワードは「食生活の多様化」です。

かつての日本の食卓は、しょっぱいおかずで、大量のご飯を食べる献立が一般的でした。たとえば、魚の干物や煮物、漬物とみそ汁に、丼に盛られたご飯です。1960年代は国民一人当たり、1年間に約120kg（2俵）のコメを食べていました。しかし、日本が豊かになるにつれ、さまざまな料理が食卓を飾るようになりました。おかずの選択肢が増えると、畜産物などの消費が増え、コメの消費は減ります。現在の一人当たりの年間コメ消費量は1俵を割り込み、2022年で約51kgまで減少しています。

食料自給率が低いのは、そうした畜産物の消費増に伴って、畜産物の輸入量が増加したこともありますが、国産の畜産物の餌を輸入に頼っていることも大きく影響しています。わたしたちの食卓は、わたしたちが思っている以上に海外の農畜産物と切っても切り離せない状況にあるのです。

## 激変する世界と日本農業

日本の農業を考えるときは食料自給率に焦点が当たりがちですが、それ以外にもさまざまな要素が、食卓に影響を及ぼしています。

たとえば、農業生産に必要となる肥料や農薬、燃料、農業資材です。これらの多くも海外からの輸入に頼っています。肥料の原料のうち、とくにカリウムとリンは、わが国ではほとんど産出されません。石油も同様です。石油は農業機械やハウスなどの燃料となるほか、農業資材の原料としても広く使用されていますが、輸入に頼らざるを得ません。

近年、こうした海外依存度の高い物資の安定供給が脅かされる事態が立て続けに起きています。2020年以降、世界中に広がったコロナウイルス感染症は、サプライチェーン(物流の基盤)を混乱させました。海外の政治情勢の影響もあって、原油価格は高騰し、農業資材の高騰につながりました。また、さまざまな地域における戦争や紛争が、穀物や肥料原料の価格を急騰させました。

地球温暖化などの気候変動にも注意を向けるべきです。近年は、「10年に一度の大雨」「50年に一度の大雨」のような自然災害が多発しており、農業にも大きな被害をもたらしています。気温上昇により、品目の転換を迫られ、産地が移動するような事態も見られます。

哀しいことに、こうした世界の変化に対して、わたしたち一人ひとりができることは限られています。世界の変化そのものを学び、起きている変化にいかに対応するか。わたしたちの行動が問われています。

## 学びと教育で変化の時代に対応する

ここで食卓と農業から少し離れ、ＪＡを取り巻く環境の変化を別の視野から見ていきましょう。まずは、金融市場の変化です。

これまで世界的に続いてきた各国の金融緩和政策による低金利の市場環境は、ＪＡの信用事業に大きな影響を与えてきました。民間の銀行と同じく、信用事業は貯金の金利と貸し出しの金利の金利差が粗利となるという仕組みです。ところが、低金利の環境では金利差が小さいため、粗利も小さくなります。当然、信用事業の利益も小さくなります。

ところが、２０２４年に入り、各国の金融政策は緩和から引き締めに転換しています。アメリカ合衆国をはじめ、各国が政策金利を引き上げる「利上げ」をおこなっているのです。国家間の政策の違いによって、通貨間の金利差が広がり、通貨の価値に大きな影響が出ています。これが２０２４年に起こった歴史的な円安の主要な原因なのです。

また、国家間の金融政策の進度の違いは、国債価格にも波及します。たとえば米国の「利上げ」により新しく発行される米国債の金利が上昇すると、発行済みの低い金利の米国債の価格は下落します。こうした国債価格の変動が、ＪＡの信用事業、ひいてはＪＡ経営にも多大な影響を及ぼしています。

次に、技術の発展による情報化社会の進展を見てみましょう。

インターネット技術の発展は、わたしたちの社会を変え、個々人の購買行動を変化させました。いまやスマートフォンは、生活に欠かせないものとなり、ＡＩ技術の進化が、さまざまな仕事のあり方を変化させようとしています。

ＪＡの事業で見ると、これまでのＪＡ役職員と組合員は、直接顔を合わせる形で事業利用や事業推進を行ってきました。しかし、同業他社と同じように、現在ではＪＡでもインターネットを介した非対面型のサービスが急速に広がっています。

技術の発展により便利になったといえますが、その一方で協同組合であるＪＡの強みの一つ、「人と人とのつながり」は薄れつつあります。より率直にいえば、ネット社会のなかで、ＪＡの競争力が失われる場面が増えているのです。

これまで、ＪＡはわが国の食と農、くらしを支えてきました。しかし、いまや世界的な変化の影響は大きく広がり、ますます深まっています。当たり前だったことが、もはや通用しなくなりつつあります。そうした巨大な変化の流れを、わたしたちが直接的に「変える」ことは難しいでしょう。

そうしたなかでたいせつなのは、つねに環境の変化を知り、学び、そして自ら対応していくことです。ネット社会では、自由に飛び交うさまざまな意見に触れることができますが、同時に個人の正しい判断が求められます。情報に流されるのではなく、みずからが情報を取捨選択して行動することが、今まで以上に問われます。つまり、「学び・教育」がきわめて重要な役割を果たすことになります。ＪＡにおいても、組合員とＪＡ役職員がともに学ぶ場を広げていくことが求められています。

# 2

# 人口減少と少子高齢化社会　～変わる地域社会～

## 統計上は高齢化しても、現代の「高齢者」はまだまだ元気！

さまざまな報道でご存じの通り、わが国の人口は減少を続けており、近い将来には人口が1億人を割り込むと予測されています。とくに、農業が盛んな地域や農山村では、「過疎化」という言葉とともに、住民の高齢化や子どもの減少、いわゆる「少子高齢化」が深刻な問題となっています。このような状況について、国立社会保障・人口問題研究所が発表した資料をもとに、詳しく見ていきましょう。

図1は、2023年（令和5年）に推計されたわが国の将来の人口推計です。このうち出生中位の推計を見ると、わが国の総人口は2056年に1億人を割り込むことが予測されています。2020年時点の総人口は、約1億2600万人でしたから、これからの30年間で約2600万人の減少が見込まれるのです。

**図1　総人口の推移（出生中位・高位・低位〔死亡中位〕推計）**

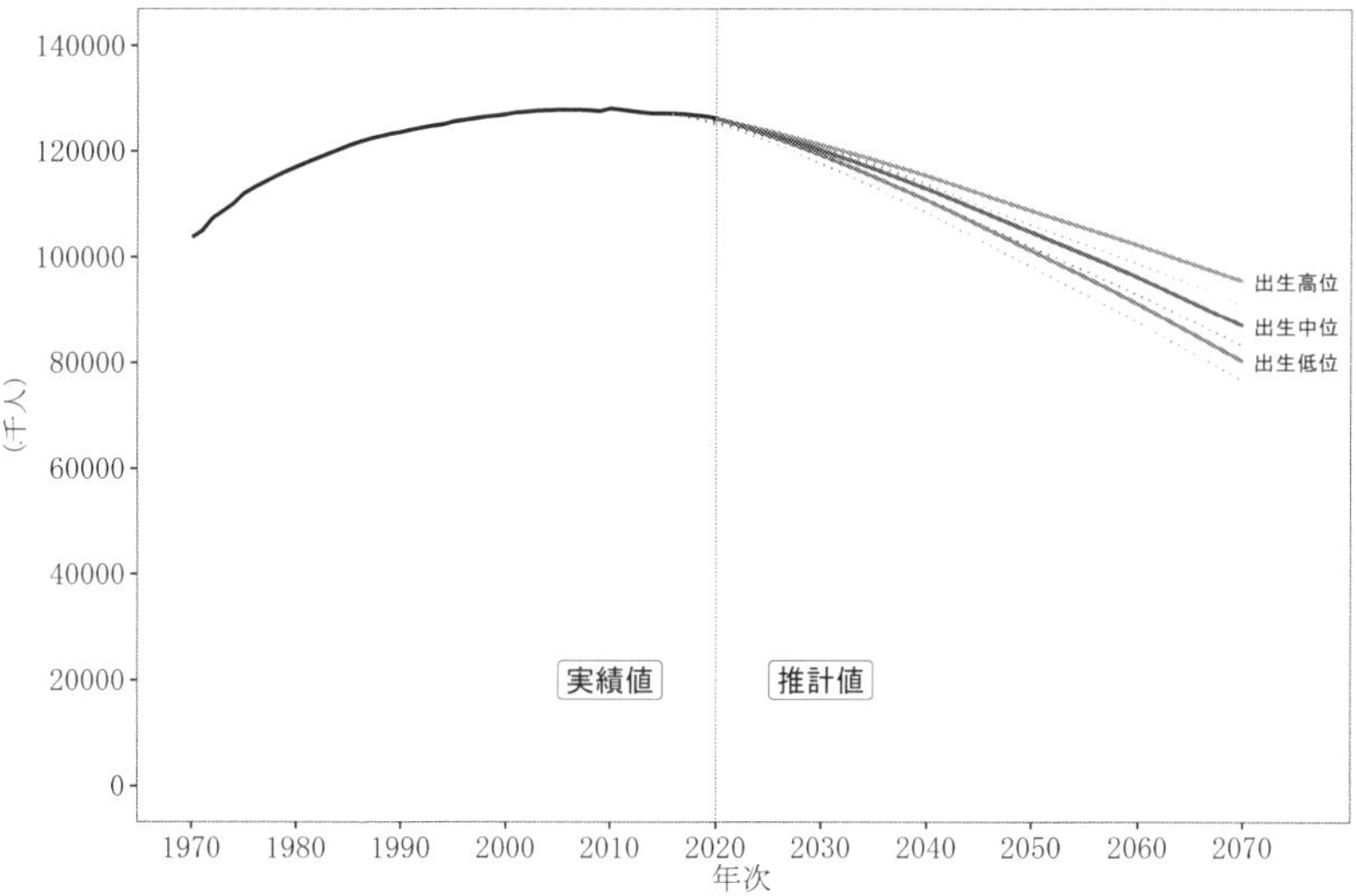

実線は今回推計、破線は前回推計。

参考資料：国立社会保障・人口問題研究所「日本の将来推計人口（令和5〔2023〕年推計）結果の概要」
https://www.ipss.go.jp/pp-zenkoku/j/zenkoku2023/db_zenkoku2023/db_zenkoku2023gaiyo.html

この図からわかるのは、今後、人口減少のスピードがさらに加速するということです。2020年時点のグラフの傾きと比べ、2030年、2040年のグラフの傾きが大きくなっています。つまり、人口減少の本番はこれからなのです。

人口減少の本番が訪れるとは、どういうことでしょうか。それは、すでに人口減少が進んだ農山村だけではなく、地方の「都市的な地域」でも人口が減ることを意味します。推計によると、東京を除く全ての地域で人口が大幅に減少し、とくに地方の中心的な都市での減り方が顕著となります。現在は見えにくい都市部での人口減少が、いよいよ広がっていくのです。

同時に、高齢化も深刻化します。「死亡中位かつ出生中位」の推計によると、2020年時点で28・6%であった高齢化率は、2050年時点で37・1%に上昇します。「10ポイントの上昇」といわれても実感が湧かないと思います。要は、現在の「おおよそ4人に1人が高齢者」という状況が、「3人に1人が高齢者」になるということです。そして「高齢者の割合が増える」＝「生産年齢人口と呼ばれる社会で中心的な役割を担う人々の数が減少する」ことを意味します。社会を維持・発展させるのに必要な人々が大きく減ることでさまざまな場面で人手が不足することが懸念されます。地域の未来の姿が心配になりませんか？

他方、平均寿命が大きく伸びている点も注目すべきです。厚生労働省の統計によれば、2020年時点で女性の平均寿命は87・7歳、男性の平均寿命は81・6歳です。直近の2021年、2022年で若干短くなっていますが、これはコロナウイルス感染症の拡大の影響と考えられます。

あまり目にすることがない「平均余命」という指標もあります。「ある年齢の人々が、あと何年生きられるか」という期待値を指します。2022年の75歳女性の平均余命は

15・7年、男性は12年です。つまり、75歳以上の方々は、統計上では「後期高齢者」といわれますが、まだまだ元気に活躍できるということです。

そもそも、統計上の「高齢者」の指標は65歳以上ですが、農山村における65歳は「現役」です。統計における「高齢化」と、地域の実態、人びとの活躍の度合いには違いがあると考えるべきでしょう。高齢化という「統計上の現象」を危惧するのではなく、地域で活躍される人びとの姿に注目する視点がたいせつです。

## 国全体の「胃袋が小さくなる」なかで

こうした人口減少や少子高齢化が、営農やくらしにどのように影響するのかは、地域ごとに考える必要があります。それぞれの地域の高齢化等の実態に応じて課題が異なるからです。

もちろん、わが国全体に影響が及ぶ共通の課題もたくさんあります。たとえば、農業に関連して考えると、わが国の「胃袋が小さくなる」ことがあげられます。

コメの消費量で考えてみましょう。前節「1世界に翻弄される日本の食と農」でも触れたように、日本のコメ消費量は年々減少しています。農林水産省の統計によれば、

2000年に約900万トンだった主食用米の需要量は、減少を続けて2020年現在で約700万トンとなりました。コメ消費量減少の原因は食生活の変化などが大きいですが、人口が減少し、かつ高齢者の割合が増加すると、さらに消費量が減少することが予測されます。

とくに、これから人口が減少し、高齢者の割合が増加するのは農村部ではなく「都市的な地域」です。農山村で農業などに従事されてきた方々と違い、都市的な地域の高齢者は「食が細くなる」ことが予想されます。

たとえば、都市的な地域のベッドタウンでは、高齢世帯や高齢者の単身独居世帯が増加しつつあり、総菜など中食（お弁当など）の利用率も高いといわれます。高齢化が進み、さらに自炊の割合が減ると、加工業務用の農産物の需要がさらに高まるかもしれません。消費者の嗜好の変化により、小さなサイズの農産物や、より小分けされた農産物の荷姿が求められる可能性もあります。

国の胃袋が小さくなると予測されるなかで、わたしたちは営農をどのように考えていくべきでしょうか。たとえば、適正な農産物の生産量を考える上では、農地の利用についても考える必要があります。農地の利用を考える上では、農業の担い手や労働力についても考える必要があります。人手不足のなかで労働力をどのようにまかなうのか。とくに草刈りや水管理などに必要な労働力は、より深刻な課題となるでしょう。人口減少と少子高齢化に適応した地域農業のあり方が問われています。

## 3 2050年には農業人口が8割減の予測も

### 農家数の減少＝農業の衰退ではない

近年、農業者の高齢化とその減少が日本農業の課題として取り上げられているのは、みなさんもご承知でしょう。じっさい、ＪＡや農業の現場でも農業者の減少は喫緊の課題と認識されていますし、マスメディアなどの報道においても、高齢化・減少＝日本農業の衰退であると捉えられています。

ところで、「農業者の減少」とは、正確にはどういう意味でしょうか。じつは、この言葉には、三つの異なる意味合いがあります。少しおさらいしてみましょう。

まずは、「農家の減少」です。農林業センサス（農林水産省から5年ごとに実施している調査）を見ると、総農家数は２０００年に約３１２万戸だったものが、２０２０年には約１７５万戸と大きく減っています。また、同期間に、農業経営体数は約１７３万戸から約108万戸に減少しています。ただし、このように統計上で減った農家は、ほとんどが稲作農家である点に注意が必要です。

ではなぜ、稲作農家が大きく減少したのでしょうか？

これは、とくに水田などの土地利用型農業において、大規模農家や集落営農などの「担い手経営体」と呼ばれる農業経営体へと農地が集積されているためです。近年の農業政策は、担い手経営体への農地の集積を進めており、JAグループもそうした担い手経営体の育成に力を注いできました。

担い手経営体に農地を集積しているのですから、小規模な稲作農家を中心に農家数が減少することとは、ある意味当然のことといえます。ですから、報道にあるような「農家の減少＝日本農業の衰退」という図式は、かならずしも正しい理解とはいえません。

## 農業労働力の「山崩れ」と希望

次に「農業従事者の減少」、すなわち農業にたずさわる人の減少です。

農林業センサスを見ると、「基幹的農業従事者数」は2000年に約240万人だったものが、2020年に約136万人へと減少しています。基幹的農業従事者とは、個人経営体の世帯員のうち「ふだん仕事として主に自営農業に従事している者」という統計上の定義です。わかりやすくいうと「法人経営体を除く個人の農家で、農業に従事して生計を立てている人」です。

ＪＡ全中の推計によると、２０４０年の基幹的農業従事者数は約50万人、２０５０年には約36万人まで減少すると予測されています（第29回ＪＡ全国大会議案より）。２０２０年時点の基幹的農業従事者数１３６万人から考えると、８割近い減少ですから、「日本の農業はどうなるんだろうか……」と危機感を感じるのは当たり前です。

この基幹的農業従事者を年齢階層別にみると、まず、農業者の高齢化が見て取れます。農業者のうち、もっとも農業者が多い年齢階層は「65歳以上」です。また、２００５年から２０２０年現在の変化を見ると、80歳以上を除くすべての年齢階層で、その数が減少していることがわかります（図２）。

いってみれば、わが国の農業を支える労働力は、高齢化しつつ全体としてその数を減らすという「山崩れ」のような状況です。

ところが、農水省の「令和3年度食料・農業・農村白書（2022年5月公表）」を見ると、また少し違った景色が見えてきます。ここには、「令和２（２０２０）年の年齢階層別基幹

## 図2　年齢階層別基幹的農業従事者数の推移

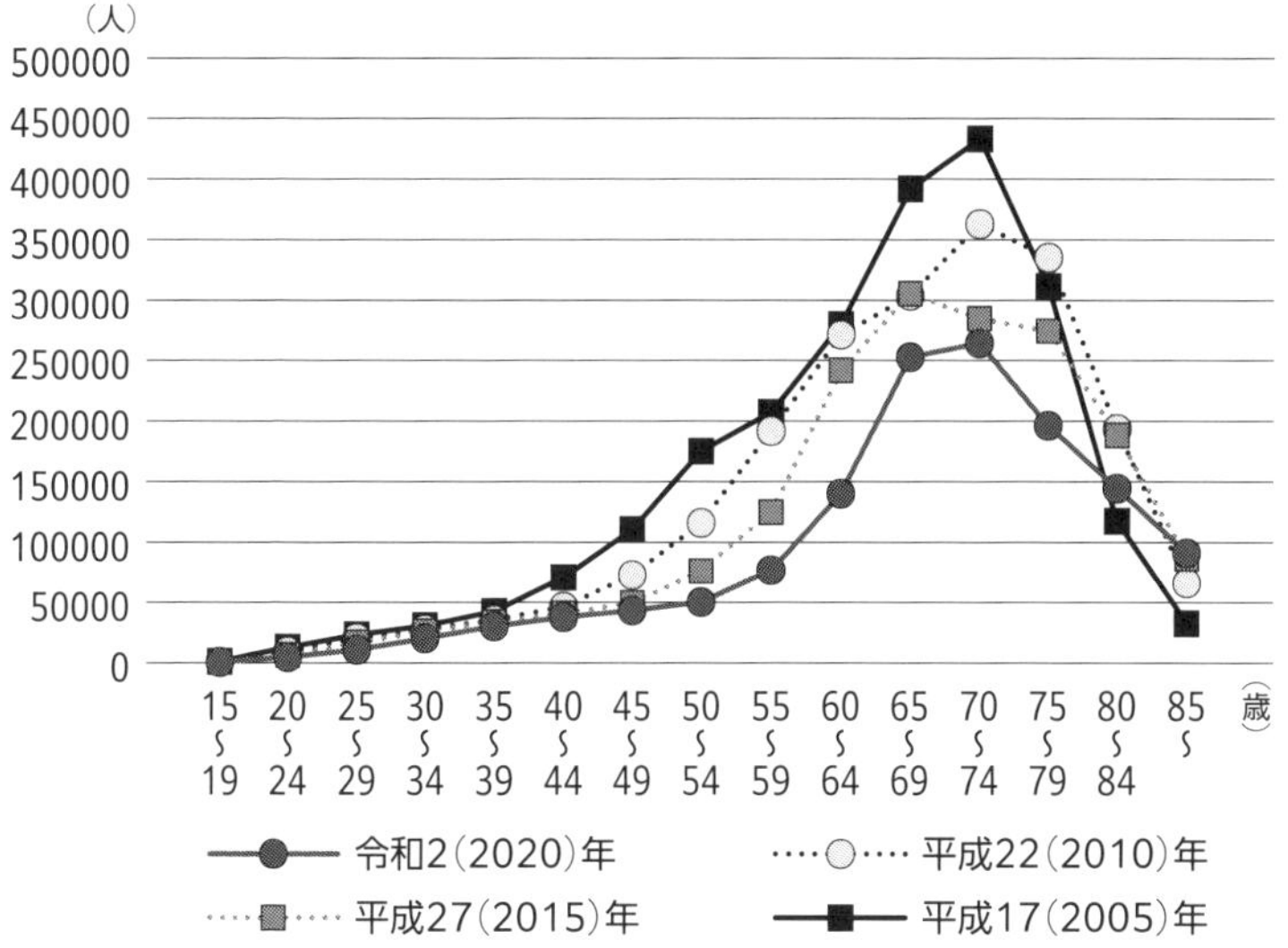


参考資料：農林水産省「農林業センサス」

的農業従事者数を、平成27（2015）年の5歳若い階層と比較すると、70歳以上の階層では後継者への継承等により減少する一方、69歳以下の各階層で微増となりました」と明記されています。

農業者の高齢化が危惧されますが、5年前と比較すると20～49歳の世代では2万2000人増加、60～69歳の世代では2万6000人増加しました。前者の20～49歳の世代では、親からの経営継承や新規就農が広がっていることがわかります。後者の60～69歳の世代の増加は、定年後の帰農が、依然として農村地域で根付いていることが表れた結果といえるでしょう。

## 統計の外にいる農家

「農業者の減少」の最後の一つは、「統計に表れにくい農業者の減少」です。

統計上の農業経営体の定義には、「経営耕地面積が30a以上」などの要件がありますが、じつは、こうした定義に含まれない「農家」もたくさんあります。

近年、担い手経営体（※）に農地を貸し出し、耕起や田植え、稲刈りなどの基幹的な機械作業を任せる農家が増加しています。とはいえ、草刈りなどの作業は、おおむね地権者でもある農家が担います。統計上は農家ではありませんが、草刈りや水路の管理、農道の整備など、「田んぼの外側」のさまざまな仕事を担っているのですから、やはり「農家」と考えるべきでしょう。

ところが、いま、こうした田んぼの外側の農家の多くも高齢になっています。そのため草刈りなどの作業が難しくなり、地域の農業の大きな課題となっています。

## 地域農業の実態を見つめる

こうした農家・農業者の実態を見ると、農業者の高齢化・減少が、ただちに日本農業の衰退と捉えることは、あまりに一面的といえます。

地域ごとに実情は異なっており、それぞれの地域において、農業者の高齢化・減少がもたらす課題は異なるはずです。もしかすると、農業者の減少は、担い手経営体への農地の集積という点で農業の効率化が進んでいる証拠かもしれません。むしろ、担い手経営体への農地の集積が進む一方で、その「田んぼの外側」を管理すること、より直接的には草刈りが難しい農地が増えていることの方が問題である可能性があります。

近い将来、日本の農業人口が８割減となったとき、農地をだれが経営していくのかと併せて、田んぼだけでなく果樹や園芸を含めた農地をだれが維持していくのか。社会全体の人手不足のなかで、統計に表れにくい農業経営体に雇用された労働力の不足をどうすべきか。こうした課題の先には、わが国の農業を支えている外国人労働者の姿も見えてきます。

たいせつなことは、地域農業の実態を見つめ、将来の地域の農業と農地の姿を考えることではないでしょうか。

※効率的かつ安定的な農業経営を行っている経営体、またはそれを目指している経営体。

# 4 ＪＡの組織基盤の変化

## 減少に転じた組合員総数

前節「3 2050年には農業人口が8割減の予測も」では、農業者の高齢化・減少について考えました。統計に表れる数字も重要ですが、よりたいせつなのは地域農業の実態です。数字以上にさまざまな課題がありつつも、かならずしも悲観的な話ばかりではないことも見えてきました。

とはいえ、やはり農業人口の減少は、ＪＡにとって大きな、そして喫緊の課題です。

ＪＡは農業者を中心とした農業協同組合です。その農業者の減少は、ＪＡの組合員の減少につながります。そして、組合員が減れば事業利用も減ります。ＪＡの経営に直結する課題なのです。

近年、ＪＡの組合員数は減少に転じています。農林水産省の総合農協統計表によれば、

２０１７事業年度の全国のＪＡの正組合員と准組合員の合計は約１０５１万人でした。しかし２０１７事業年度をピークにＪＡの組合員数は減少の一途をたどっており、２０２２事業年度では約１０２７万人となりました。こうした組合員数の減少の要因は、正組合員の減少にあります。

ここで、かんたんにＪＡの組合員数の推移をふり返ってみましょう。

かつての農協は、地域に居住するほぼ均質な農家を中心としていました。また、都市を除く多くの地域では、農家が人口の大半を占めていました。わが国の社会と経済の発展とともに、若い生産年齢人口の多くが都市圏へ移動してもなお、地域においてはやはり農家が高い割合を占めていました。そうした農家が農協の正組合員だったわけです。

しかし、戦後農協の設立に尽力した世代も高齢化から農業をリタイアします。あわせて、農業の大規模化が進むなか、正組合員数は減少傾向に入りました。

１９９０年代以降になると、農業者以外の組合員である准組合員が、都市的地域に限らず増加します。とくに、２０００年代以降は、地域住民への組合員の拡大運動により、准組合員数が増加しました。

２００９事業年度には、ついに正組合員数と准組合員数が逆転します。この正組合員数と准組合員数の逆転は、２０１４年の「農協改革」の議論につながる一つのきっかけになりました。

## 現在のＪＡ組合員の姿

Ｊ Ａの現場や、ＪＡを取り巻く環境のなかでは、依然として、農業者＝正組合員、非農業者＝准組合員として捉えられています。もちろん、各ＪＡの定款のなかで正組合員資格が定められており、農業者＝正組合員という捉え方は制度的に間違ってはいません。しかし、その内実は、大きく変化しています。

図3は、ＪＡ全中が実施したメンバーシップアンケートの結果を分析し、わかりやすくデフォルメした現在のＪＡの組合員の姿です。横軸は、事業の利用状況や組合員組織への参加、役員の経験など、組合員の行動を数値化しています。縦軸は、ＪＡへの親しみの度合いや、協同組合の理解など、組合員の意識を数値化しています。

これを見ると、４つの組合員のタイプ（類型）が見えてきます。

一つ目は、農業の担い手である正組合員（図のＡ）で、ＪＡの事業利用やかかわりが多く、また、ＪＡに対して近しい思いを抱いています。言い換えれば、農業者＝正組合員と

図3　多様化するJAの組合員の姿

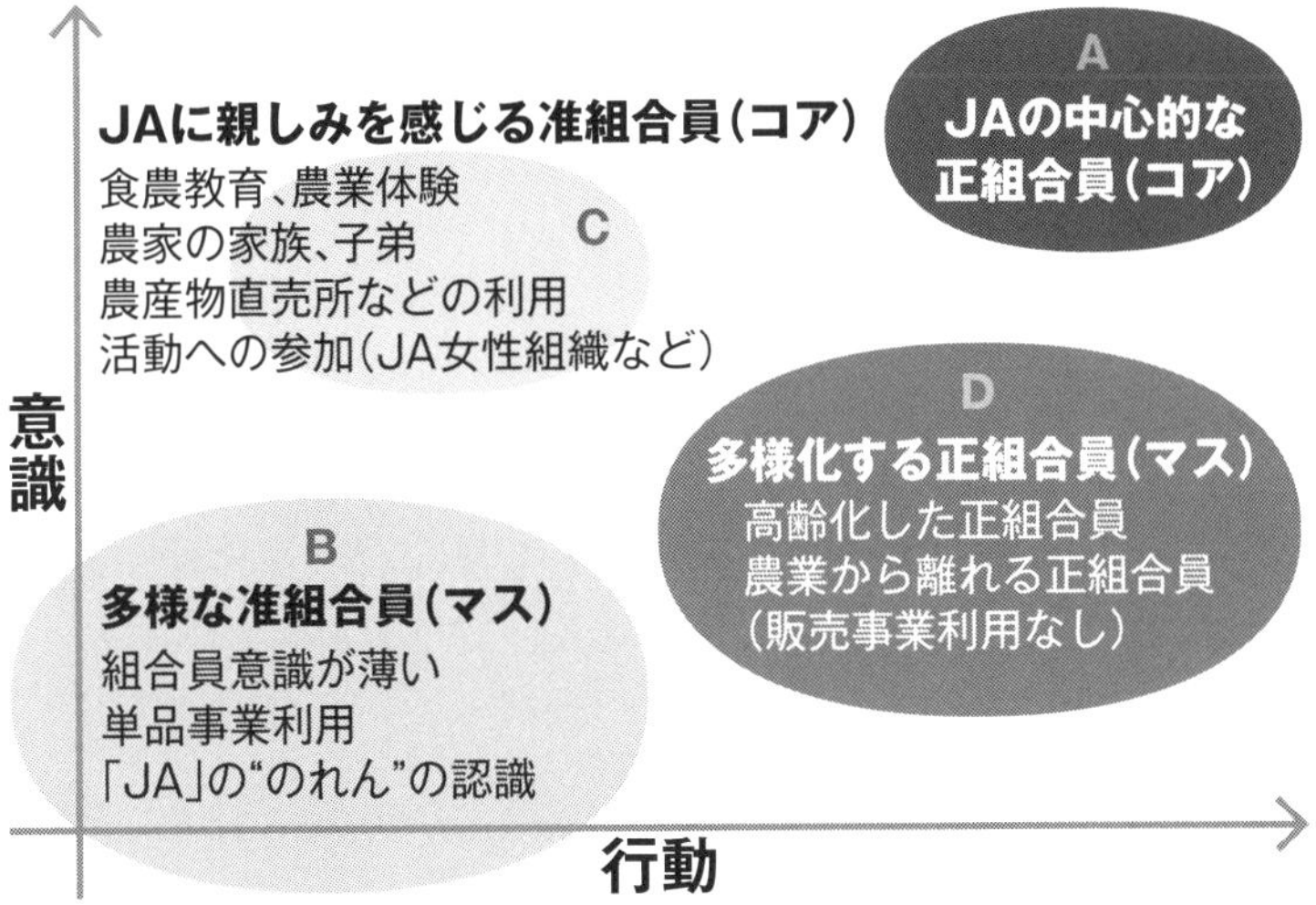


いう従来通りの組合員像です。

その対極には、二つ目のタイプとして、ＪＡの事業利用やかかわりが少なく、また、ＪＡに対して必ずしも近しくない思いを抱いている准組合員（図のＢ）が位置します。貯金やローンなどの単品事業利用の准組合員に多く、これも、非農業者＝准組合員という、ステレオタイプな組合員像かもしれません。

ところが、図３では、これまで意識されることが少なかった三つ目と四つ目のタイプが表れています。

三つ目のタイプは、ＪＡに近しい思いを抱いている、もしくはＪＡに期待している准組合員（図のＣ）です。ＪＡの立地する環境によってその割合は異なりますが、准組合員のなかには、正組合員の子弟など農業にかかわっている准組合員が少なからずいます。もしくは農家にルーツがある、親世代が正組合員であるといった准組合員です。また、農業とのかかわりがほとんどない准組合員のなかには、JAの理念に共感して地域の食と農に強い関心を抱いている方が多くいることもわかりました。こうした食や農に強い関心を抱いている准組合員は、JAファーマーズマーケットの利用や、農業体験、食農教育などで大きな期待を寄せているのも特徴です。

四つ目のタイプは、少しずつ農業から離れ、同時にJAからも離れつつある正組合員（図のD）です。とくにJAの販売事業の利用がない、もしくは少ない正組合員がJAから離れつつあることがわかります。これらの正組合員の多くは、高齢化などにより、担い手に農地を預けたのを契機に農業生産とのかかわりが減っている人々で、全正組合員の6割強を占めています。

農林業センサスと総合農協統計表を見ると、2020年現在の基幹的農業従事者が約136万人、対してJAの正組合員数は約410万人です。この統計の数字にも表れるように、JAの正組合員の約3分の2は、農業から遠ざかりつつあるのです。

三つ目のJAに期待し近しい思いを抱く准組合員と、四つ目の農業やJAから遠くなりつつある正組合員という二つのタイプの把握は、ＪＡにとって、とても重要です。すなわち、農業者＝正組合員、非農業者＝准組合員というステレオタイプの組合員の把握が、現実に合っていないということであり、同時にＪＡの組合員が相当に「多様化」しているということでもあります。

## ＪＡ組合員の多様性に向きあう

いま、ＪＡは、こうした組合員の多様化を直視しているか、組合員の多様化に対応できているかどうかが問われています。そもそも、ＪＡ役職員は、こうした組合員の多様な顔が見えているでしょうか。

かつての農協は小学校区や旧村など「むら」を単位としていました。農協の職員の多くは「むら」の出身で、組合員の顔、組合員の世帯の姿をよく知っていました。職員と組合員の間には、日常的なコミュニケーションが重ねられていたでしょう。

対して、現在のＪＡの規模は大きくなっています。市町村を超え、県域のＪＡが次々と出現しています。規模が大きくなったＪＡで、組合員の多様性を把握するためには、支所・支店・営農センターの単位で組合員との接点を増やす必要があるでしょう。そうした意味で、より組合員との対話を深掘りする必要があります。

対話を通じて組合員との関係を強め、組合員の願いや課題に近づくことで、組合員の多様性が見えてくるでしょう。その先には、それぞれの願いや課題に応じた事業や活動につなげることが求められます。

組合員が主人公である協同組合として、さらには各事業への影響や組合員のＪＡ運営への参画を含めて、組合員の多様化の把握と対応はＪＡにとって差し迫った課題です。

# 第2章

# これからの農業

# 5 改正食料・農業・農村基本法のポイント

## 環境変化とリスクへの対処

２０２４年5月29日に「改正食料・農業・農村基本法」が成立しました。食料・農業・農村基本法は、農政にかかる「憲法」ともいうべき法律で、農業政策の基本的な理念を示しています。わが国の農政は、この食料・農業・農村基本法の理念に基づいて5年ごとに基本計画を策定して進められています。

この食料・農業・農村基本法の前身は、１９６１年に制定された農業基本法です。農業基本法の特徴は、農業と他産業との間の生産性と生活水準の格差の是正を目指したもので、農業の発展と農業従事者の地位向上が目的とされていました。

１９９９年、農業基本法に代わって、食料・農業・農村基本法（通称、新基本法）が制定されました。この新基本法は、①食料の安定供給の確保、②農業の有する多面的機能の発揮、③農業の持続的な発展、④その基盤としての農村の振興、を理念として掲げ、国民全体の視点から食料・農業・農村が果たすべき役割と目指すべき政策方向を示していました。ところが近年では、当時、想定されなかったような農業を取り巻く環境の変化が起きています。それらの変化は、国際的な影響を大きく受け、伴うリスクも大きくなっています。そうした事象を踏まえたうえで、今回、食料・農業・農村基本法が改正されたのです。

まずは前提となる、環境の変化とリスクについて見ていきましょう（図４）。

## 食料・農業・農村をめぐる五つのリスク

一つ目のリスクは、食料自給率が改善されないことです。すでに見たように、わが国のカロリーベースの食料自給率は約38％前後で推移しています。中長期的に見ると１９６５年に73％の水準を記録して以降、緩やかに下がり２０００年度以降は40％を下回り改善が見られません。食料・農業・農村基本計画が目標とする45％は依然として未達となっています。

二つ目のリスクは、農業生産基盤の弱体化です。こちらもすでに見たように、わが国の基幹的農業従事者数は減少を続けるとともに、高齢化が顕著な課題として認識されていま

**農業生産基盤の弱体化**

農家の減少と高齢化、
農地の減少が進む

基幹的従農業従事者数
は1998年241万人
↓
2022年123万人

- 農業就業人口は年約8.5万人のペースで減少。新規就農者は年約５万人程度。
- 平均年齢も平成の30年間で10歳高齢化。

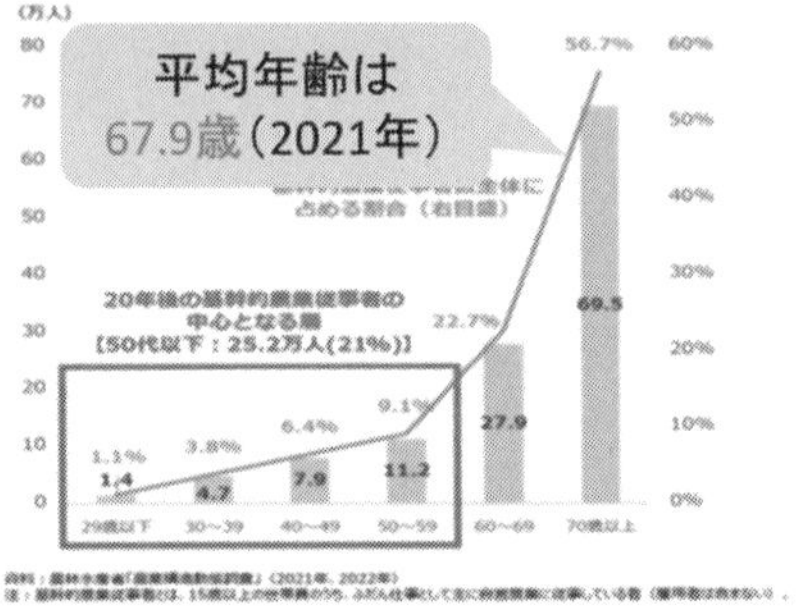

**世界的な人口増加**

世界の人口増加で
食料不足が懸念される

- 世界の人口は今後も増加し、2050年には97億人まで増加予測。
- 2010年から2050までの40年間で世界が必要とする食料は約1.7倍に増加予測。

**＋ 新型コロナ ＋ ウクライナ情勢**

出典：JA全中「第30回JA全国大会組織協議案（本冊8頁）」

## 図4　食料・農業・農村を取り巻く環境と課題

- 日本の食料自給率は38%(令和４年度)長期にわたり低迷。
- 食料・農業・農村基本計画での目標値は、令和12年度で45%。

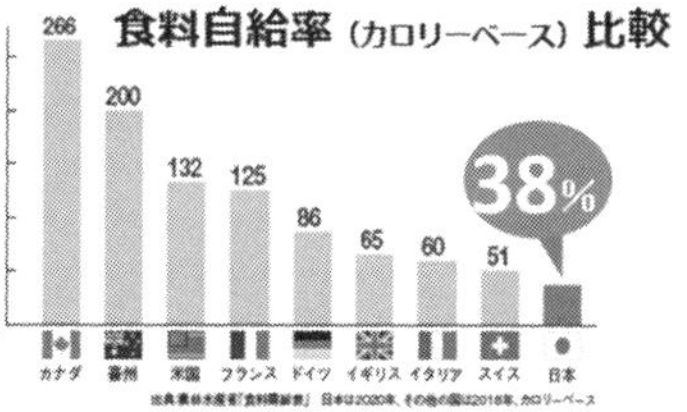

- 異常気象は世界的に発生。
- 日本でも自然災害が回数・被害額とも増加。令和5年度の農林水産関係被害額は2,358億円。

- TPP11、日米貿易協定など、国際化は急速に進展。
- 日本は世界トップクラスの食料輸入国。
- 日本の経済的地位低下等もあり、買い負けが懸念。

す。わが国の人口自体が減少を続けているなか、すべての産業で人手不足が課題となっており、農業も人手不足の問題を避けることができません。

三つ目のリスクは、世界各国が国際化（グローバル化）するとともに、わが国の農業が外国からの輸入に依存していることです。食料自給率には反映されませんが、わが国の農業で使用する肥料や農薬、農業資材などの多くは、外国からの原料輸入に頼っています。

四つ目のリスクは、自然災害の著しい増加です。とくに近年では異常気象が当たり前となり、深刻な大雨被害や猛暑が全国各地で数多く発生しています。農業における被害額は、毎年、数千億円規模にのぼっています。また、気温の上昇によって、作物の生育にも大きな影響が出ており、直近ではコメや野菜の価格などにも大きな影響が見られました。

五つ目のリスクは、世界的な人口の増加です。わが国の人口は減少を続けていますが、世界の人口は増加しています。とくに南アジアやアフリカの人口増加が著しく、２０５０年には97億人を突破するのではないか、と予測されています。世界の人口が増加すると、食品だけではなく、肥料や農薬、農業資材なども輸入に頼るわが国は、その奪い合いに巻き込まれると考えられます。

## 改正の四つのポイント

以上で述べた五つのリスクは、2020年から世界的に流行した新型コロナウイルス感染症の拡大や、各地で頻発する紛争や戦争の激化によって、より明確になりました。そこで、これらの喫緊のリスクへの対応も踏まえたうえで、今回の食料・農業・農村基本法の改正が行われたのです。

では、改正された食料・農業・農村基本法のポイントを四つに絞って見ていきましょう。

一つ目のポイントは、今回の改正の最大の特徴である「食料安全保障」という考え方です。改正前の食料・農業・農村基本法では、「食料の安定供給」を確保することが目的として掲げられていました。これはどちらかというと、農業者など食料を供給する生産者側の視点だったといえます。

対して、今回の改正では、「食料安全保障」を確保することが目的となっています。これは、わが国全体としての食料供給の確保に加えて、「国民一人一人が入手できる状態にする」として、消費者側の視点が含まれています。生産者と消費者、さらに流通など食料にかかわる人々、すべてを包摂したシステム＝仕組みとして考えられていることも特徴といえるでしょう。食料安全保障を確保するためには、農業生産の増大を基本としつつ、安定的な輸入や備蓄の確保も明記されています。また、具体的な議論はこれからとなっていますが、安定的な食糧生産のための食料価格のあり方についても提起されています。

二つ目のポイントは、基本理念として「環境と調和のとれた食料システム」が掲げられている点です。世界的にＳＤＧｓの議論が広がったことや、先に見た近年の自然環境の変化、さらにはヨーロッパで先行して議論されている生物多様性などの議論を踏まえ、わが国の農業も、自然環境との調和が求められています。とくに温室効果ガス排出の削減など環境負荷を低くする取り組みは急務の課題として捉えられています。わが国の農業においても環境負荷を低くする取り組みによって、より持続的な農業を実現しようという意図です。

三つ目のポイントは、人口が減少するなかでのわが国の農業生産の方向性を示している点です。人口の減少は、生産者側では労働力不足、さらには生産力の低下が懸念されています。他方で、消費者側では需要量・消費量の減少が懸念されています。人が減るから生産量が減っても問題ないだろう、とはなりません。なぜなら農業には、食料の安定供給はもちろんのこと、国土の保全や自然環境の維持などさまざまな機能があります。これらの農業の多面的な機能を発揮するためには、少なくなった労働力で工夫することも必要です。環境への負荷を低減しつつ、生産性を向上し、同時に付加価値を高めるための施策を図っていくことが求められています。

四つ目のポイントは、農村の振興の方向性として「地域社会の維持」を掲げた点です。とくに農業生産基盤の整備・保全のためには地域での共同活動を促進することがたいせつだと明確に位置づけられました。また、その担い手は地域に住む農業者だけではなく、より広く関係する農村関係人口（※）や農福連携が位置づけられるなど、幅広い国民の理解の必要性が意識されています。

※農村の「関係人口」の意。総務省によれば、関係人口とは、移住した「定住人口」でもなく、観光に来た「交流人口」でもない、地域と多様に関わる人々を指す。

# 6 次世代に地域の農業をつなぐために

## 役割と責任を果たすための「食料・農業戦略」

前節「5改正食料・農業・農村基本法のポイント」では、食料・農業・農村基本法の改正のポイントを四つに絞って紹介しましたが、農林水産省の説明では、さらに二つ、改正のポイントが明記されています。その一つは、この食料・農業・農村基本法の改正を具体化するために、2025年を目途に「食料・農業・農村基本計画」の策定が行われることです。基本理念を実現化するために、さまざまな具体的な施策の検討が始まります。

そして、もう一つの改正のポイントは、「食料システム」という考え方が導入されたことです。食料システムという考え方は、さまざまな課題を解決するためには、食料の生産から消費までの関係者が連携して取り組むための仕組みが必要だ、ということから導入されました。

## 図５　食料・農業戦略の全体像

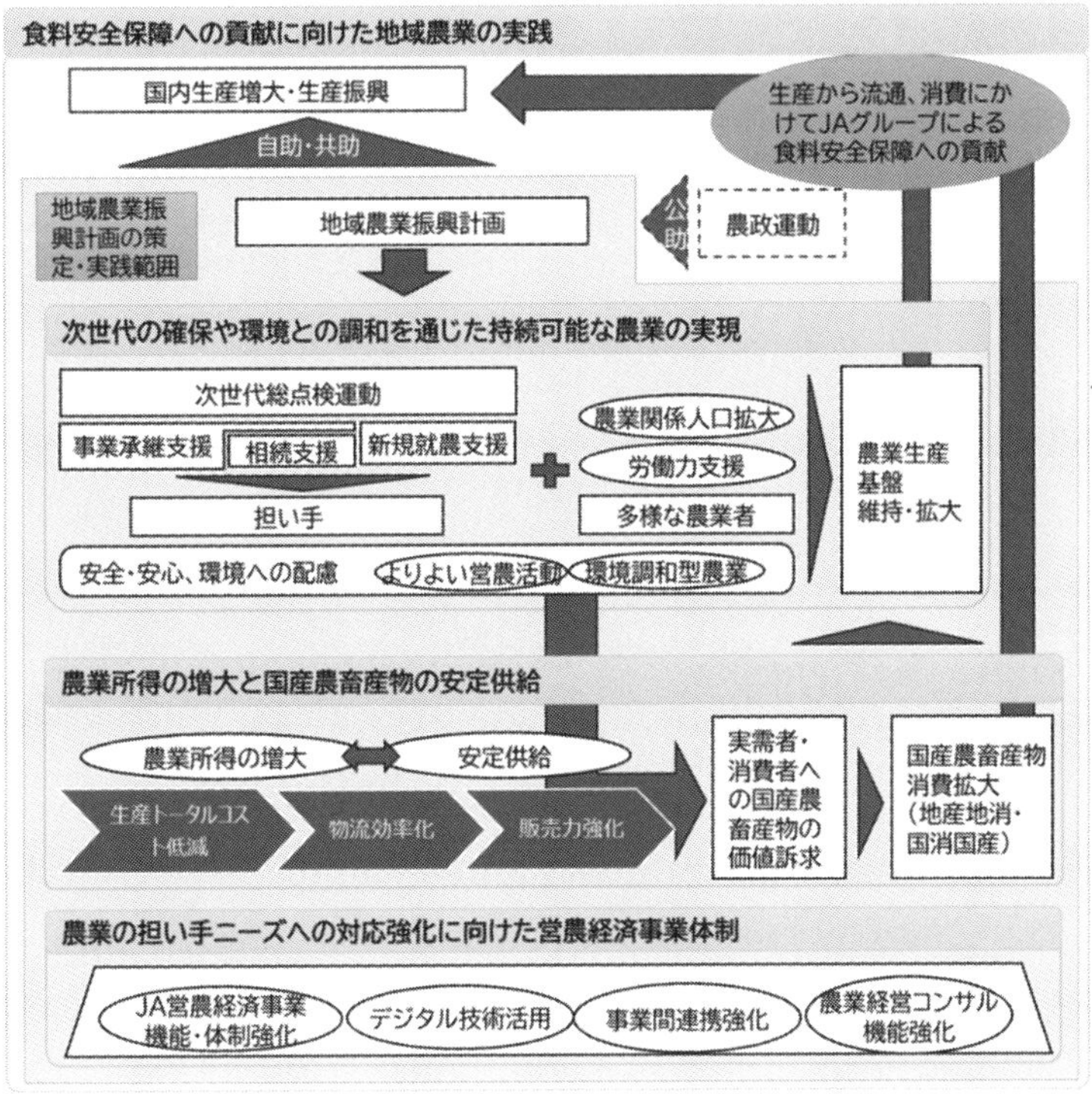


出典：JA全中「第30回JA全国大会組織協議案（本冊26頁）」

この食料システムのなかには、わたしたちＪＡをはじめ「食料・農業・農村に関する団体」が位置づけられ、基本理念の実現に重要な役割を果たすことが求められています。この「食料システム」というあたらしい考え方のなかで、ＪＡなどの団体が基本法のなかに明確に位置づけられたことは、ＪＡの社会的役割が期待されていること、そしてわが国の農業にＪＡが責任を有することを表しています。そのため、ＪＡグループは２０２４年10月の第30回ＪＡ全国大会にて、その役割発揮と責任を果たすために、「食料・農業戦略」を提起しました（図５）。

この食料・農業戦略を実現するためのＪＡの計画が「地域農業振興計画」です。組合員同士、組合員とＪＡ役職員が徹底的に話し合って地域農業振興計画を策定することで、とくに農業者が確信をもって生産できる環境を整えます。そして、わが国の食料安全保障に資することが期待されています。

ここで、重要なカギを握る取り組みの一つが、「次世代総点検運動」です。次世代総点検運動は、前回第29回ＪＡ全国大会で提起された運動で、全国のＪＡで取り組みが進められています。この運動を、徹底して進め、次世代に地域の農業をつなぐことが求められています。

前章「③2050年には農業人口が8割減の予測も」ですでに見たとおり、わが国の基幹的農業従事者は減少を続け、将来的には50万人を割り込むと予測されています。農業者が減少するということは、農地を経営する、管理する人が減少するということです。だれが未来の農地を経営し、管理するのかを、しっかりと地域で考えて準備するための取り組みが次世代総点検運動です。

おそらく、平野部に位置した条件のよい農地の担い手は、どんどん農地を集積し、大規模な経営体に発展するでしょう。他方で、その農地の草刈りなど「田んぼの外側」の管理はだれがおこなうのでしょうか。中山間地域など条件が厳しい農地は、経営の担い手の減少だけではなく、管理する農業者の減少も予測されます。地域の農地を所有する農業者が互いに話し合い、次世代につなげていくための未来予想図を作りましょう。

次世代を発掘し、ともに育つ仕組みとして、新規就農支援の取り組みもたいせつです。若者だけなく、さまざまな年齢の人々が次の農業の担い手として期待できます。すでに見たように60〜69歳の定年帰農者も、依然として地域農業の担い手としておおきな役割を果たしています。

## 次世代対策は、ＪＡ全体で取り組むべき課題

前章「4ＪＡの組織基盤の変化」で見たように、正組合員には「ＪＡの事業、活動、運営に中心的にかかわる正組合員」と、「農業やＪＡから遠くなりつつある正組合員」の二つの類型が表れています。しかも、農業から遠ざかりつつある正組合員の割合は、全国で6割を超えています。

このような農業から遠ざかりつつある正組合員の農地の承継や、草刈りなどの作業をおこなう管理者の確保は急務です。今いる正組合員世代と次世代との接点づくりが早急に対処すべき課題として浮かび上がってきます。

次世代の方々は、ＪＡとの接点が少ないことも予想できます。ＪＡとの接点が少なければ、相続のさいにＪＡの出資金や事業利用もＪＡ外へ流出してしまうかもしれません。条件不利の中山間地域では、田畑を手放すだけではなく、家や墓まで「しまう」次世代が増えています。地域から流出しつつある次世代とどのように接点をつくればよいのでしょうか。

正組合員の次世代対策は、ＪＡの営農経済事業だけの取り組みではありません。ＪＡの

事業、活動、運営のすべてにかかわる重要かつ喫緊の対応が求められています。ＪＡの事業基盤、組織基盤を強化するためにも、次世代対策としての相続対策・承継対策にＪＡ全体として取り組むことで、次世代に地域の農業、農地をつなぎましょう。

また、食料・農業・農村基本法にある通り、食料安全保障を実現するためには、生産者だけではなく、消費者も含めてみんなでシステムをつくる必要があります。食と農を守り、次世代につなぐ仲間として准組合員を明確に位置づけ、仲間づくりの輪を広げることも、たいせつな次世代対策です。

# 7 環境・安全・安心に配慮した食料生産

## GAPとよりよい営農活動

第30回JA全国大会の食料・農業戦略では、もう一つの柱として「環境・安全・安心に配慮した食料生産」を掲げています。これは、「5改正食料・農業・農村基本法のポイント」で見た新しい理念として位置づけられた「環境と調和のとれた食料システム」に紐づいています。JAグループでは、環境と調和のとれた食料システムの実現のために、「よりよい営農活動」と「環境調和型農業」の二つの施策を提起しています。

よりよい営農活動をわかりやすくいうとGAPの取り組みです。GAPとは、Good Agricultural Practiceの略称で、農業生産管理の手法のことです。農産物（食品）の安全を確保し、よりよい農業経営（Good Agriculture）を実現します。

近年、GAPという言葉は、いろいろな場面で目にするようになりました。GAPの「認証」を取得することが、目的として語られる場面も増えています。また、認証の取得で、生産した農産物が「高く売れる」といった期待も高まっています。

しかし、ＧＡＰそのものは、農業者が生産した農産物の安全を確保し、農業経営をよりよくするためのものです。農業者が実践することが、「ＧＡＰに取り組む」ことであり、それを証明する仕組みが、ＧＡＰ認証です。認証のためではなく、農業経営をよくすることが目的なのです。ＪＡグループは、食品安全・環境保全・労働安全・人権保護・農場経営管理の５分野に取り組むことで、よりよい農業経営を目指しています。

食品安全は、異物混入の防止や、農薬や肥料の適切な使用・保管、使用する水の安全確保などです。具体的には、包装資材の近くに燃油を置かない、堆肥置き場では専用の長靴に履き替えるといった取り組みです。

環境保全は、適切な施肥・防除や、土壌浸食の防止、廃棄物の適切な処理などです。具体的には廃棄物を農場などに放置しない、空容器は分別して適切に処分するといった取り組みです。

労働安全は、機会の適切な整備・点検や、薬品や燃料の適切な保管、安全な作業のための防護具の着用などです。当たり前に行っている作業を、もう一度見直し、より安全に作業を行える環境を整えます。

人権保護は、適切な労務管理や差別・ハラスメントの禁止などです。だれもが安心して働ける環境を整備します。たとえば、技能実習生などの適切な労働条件の確保もたいせつな取り組みです。

農場経営管理は、責任者を配置することや教育訓練の機会を整えることなどです。適切に行われているか点検する仕組みを内部で用意し、しっかりと運用します。

## 環境調和型農業とみどりの食料システム戦略

続いて環境調和型農業ですが、まず、わが国の「みどりの食料システム戦略」をご存じでしょうか。2021年に策定された同戦略は、農林水産業の生産力の向上と持続性の両立を目指しています。この政策のなかでは、化学農薬や化学肥料の使用量の低減、有機農業の取り組みの拡大などが具体的な数値目標を伴って示されています。

地球温暖化が世界的な問題となっているほか、ヨーロッパでは生物多様性の維持・回復も大きな課題となっています。こうした自然環境の変化に対して、持続可能な社会を築いていくことが各国に求められています。

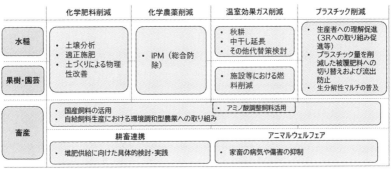

## 図6　環境調和型農業の「基本的取り組み」における主な取り組み施策例

<table>
<tr><th></th><th>化学肥料削減</th><th>化学農薬削減</th><th>温室効果ガス削減</th><th>プラスチック削減</th></tr>
<tr><td>水稲</td><td rowspan="2">・土壌分析<br>・適正施肥<br>・土づくりによる物理性改善</td><td rowspan="2">・IPM（総合防除）</td><td>・秋耕<br>・中干し延長<br>・その他代替策検討</td><td rowspan="2">・生産者への理解促進（3Rへの取り組み促進等）<br>・プラスチック量を削減した被覆肥料への切り替えおよび流出防止<br>・生分解性マルチの普及</td></tr>
<tr><td>果樹・園芸</td><td>・施設等における燃料削減</td></tr>
<tr><td rowspan="3">畜産</td><td colspan="2">・国産飼料の活用<br>・自給飼料生産における環境調和型農業への取り組み</td><td>・アミノ酸調整飼料活用</td><td></td></tr>
<tr><td colspan="2">耕畜連携</td><td colspan="2">アニマルウェルフェア</td></tr>
<tr><td colspan="2">・堆肥供給に向けた具体的検討・実践</td><td colspan="2">・家畜の病気や傷害の抑制</td></tr>
</table>

出典：JA全中「第30回JA全国大会組織協議案（別冊13頁）」

自然豊かで、水資源も豊富なわが国では気づかれにくいですが、世界では農業による水の枯渇が大きな課題となっています。地球上の淡水は、その約6分の1が生活用水に、約6分の1が工業用水に使用されます。そして残りの6分の4は農業に使用されています。アメリカ大陸やオーストラリア大陸では、農業のために地下水をくみ上げていますが、その地下水の枯渇が山火事などの自然災害、もっと深刻な砂漠化の問題につながっています。また、畜産をはじめ、農業にまつわる温暖化ガスの放出や農地拡大のための森林伐採の拡大など、農業と自然環境の調和が崩れつつあり、世界的に危惧されています。

　2020年前後に、EU（欧州連合）でFarm to Fork（農場から食卓まで）という政策が、アメリカ合衆国では農業イノベーションアジェンダという政策が施行されました。いずれも、農業と環境の調和による持続性や生物多様性の確保を目的としています。それらの日本版の政策がみどりの食料システム戦略です。

## 正しい情報発信のたいせつさ

第30回ＪＡ全国大会で提起された環境調和型農業は、「化学肥料削減」「化学農薬削減」「温室効果ガス削減」「プラスチック削減」の４分野を基本に位置づけた長期的な取り組みという点に特徴があります。地域の実態に応じて、よりよい農業を続けていくためのものであり、その先には、畜産における国産飼料の活用や耕畜連携の推進、「アニマルウェルフェア」（※）なども提起されています。

とくに期待されるのは、ＪＡグループが長年にわたって積み重ねてきた土づくりでしょう。ＪＡグループは、科学的な土壌分析に基づいて圃場の特徴をつかみ、適切な施肥をおこなうことで、よりよい土壌をつくってきました。今日の恵みを生み出す土の力は、祖先、先輩の知恵とたゆまぬ努力を引き継いだ宝です。この宝を次世代につなぐことも、ＪＡにとってたいせつな使命です。

また、耕畜連携の取り組みも期待されています。現在、畜産に利用される餌の多くは海外からの輸入に頼っています。食料安全保障の観点からも、国産飼料の生産・利用拡大が期待されます。そして、国産飼料が畜産物を経て堆肥になり、その堆肥で土壌を豊かにするという循環は、わが国らしい農業と環境との調和の取り組みといえるでしょう。地域の実態に合った技術発展を重ねることも重要です。

こうした環境調和型農業の取り組みを進めていく上では、JAによる正しい情報発信が求められます。そのためには、生産者、消費者ともに学び続けねばなりません。情報化社会において、多様な情報があふれるなかでは、かならずしも科学的に正しいといえない情報や、明らかに誤った無責任な情報も氾濫しています。生産者には営農指導や生産部会などの学習機会を通じて、消費者には農業体験や食農教育などさまざまな活動の機会を通じて、正しい情報を伝えましょう。

正しい情報を伝えるさいには、ぜひ、過去の歴史も重んじてください。わが国の水田は、圃場整備の際にコンクリート製のU字溝を敷設するケースが多いです。このコンクリート製のU字溝は、生物多様性の観点から批判を受けることも少なくありません。しかし、こ

※家畜のストレスを減らし、健康的な生活ができる飼育方法

のU字溝には、先達の血がにじむような努力の積み重ねがあったことをご存じでしょうか。

かつての日本の水田や側溝、ため池には日本住血吸虫に寄生された貝（ミヤイリガイ）が多く、農業者は日本住血吸虫症という死に至ることもある病気に悩まされてきました。この病気が蔓延した地域では、「田んぼや水路に素足で入らないこと」という指導が行われていたほどです。この寄生虫の全面的な駆除は、貝の生息を許さないコンクリート製のU字溝によっておこなわれました。

この事例のように、さまざまな農業の取り組みには、積み重ねられた歴史があります。地域の農業の歴史を学ぶことも、たいせつな環境調和型農業の取り組みといえるのではないでしょうか。先達の知恵を学び、次世代に活かすことがわたしたちに求められています。

# 第3章

# わたしたちが取り組むべきこと

～「組織基盤強化＝ＪＡ仲間づくり戦略」に焦点をあてて～

## 8 第30回ＪＡ全国大会のメッセージ
### ～協同活動と総合事業の好循環～

### ＪＡ自己改革の先へ

ＪＡ自己改革を前面に打ち出した第27回から第29回のＪＡ全国大会に対し、第30回ＪＡ全国大会では発信するメッセージが変化しています。たとえば、組織協議案のなかで「ＪＡ自己改革」という文言が少なくなっています。

もちろん、ＪＡ自己改革の「農業者の所得増大」「農業生産の拡大」「地域の活性化」という三つの目標は、食と農を基軸に地域に根ざした協同組合であるＪＡにとって当然の目標であり、これからもわたしたちが追求すべき不断の取り組みです。にもかかわらず「ＪＡ自己改革」という文言が少なくなったことは、ＪＡが次のステージに向かうことを表しています。ＪＡ自己改革の実践を、より高い段階に進める決意表明ともいえます。

実践をより高い段階に進めることを意識して、第30回ＪＡ全国大会では「ＪＡグループの存在意義」が提起されました（図7）。ＪＡグループの存在意義とは、「協同活動と総合事業で食と農を支え、豊かなくらしと活力ある地域社会を実現する」ことです。

このＪＡグループの存在意義のなかでとくに意識したいのが、「協同活動と総合事業」という表現と、「豊かな暮らしと活力ある地域社会を実現する」という表現です。

前者は、活動と事業のつながりが強く意識されます。また、ＪＡが社会的な役割を発揮する手段として、「協同活動」と「総合事業」というほかの事業体にないＪＡの特徴を示しています。この「協同活動」と「総合事業」こそがＪＡの強みです。

後者は、「実現する」という強いメッセージを発信しています。ＪＡが「豊かなくらしと活力ある地域社会」に貢献するではなく、「実現する」と表現することで、ＪＡの主体性を表しています。

## 副題こそキーフレーズ

第30回ＪＡ全国大会の主題は、「組合員・地域とともに食と農を支える協同の力」で、その副題は「～協同活動と総合事業の好循環～」です。主題には、食・農・地域というキーワードが入っており、食と農を基軸に地域に根ざした協同組合というＪＡの姿を表すと

## 図7　第30回JA全国大会の全体像

### ＪＡ綱領

| | |
|---|---|
| JAグループの存在意義 | 協同活動と総合事業で食と農を支え、豊かなくらしと活力ある地域社会を実現する |
| めざす姿（2030） | 持続可能な農業の実現 豊かでくらしやすい地域共生社会の実現<br>協同組合としての役割発揮 |
| JAグループが提供する価値 | **食料・農業への貢献**<br>✓安全・安心な国産農畜産物の安定供給<br>✓農業所得の増大の実現<br>**組合員のくらし・地域社会への貢献**<br>✓組合員の豊かなくらしの実現<br>✓地域社会の持続的発展の実現 |

▼

### 第30回JA全国大会議案

**大会議案 主題・副題**

組合員・地域とともに食と農を支える協同の力　～協同活動と総合事業の好循環～

**価値提供に向けた取り組み**

**Ⅰ　食料・農業戦略**

➤食料安全保障への貢献に向けた地域農業の実践
➤次世代の確保や環境との調和を通じた持続可能な農業の実現
➤農業所得の増大・国産農畜産物の安定供給
➤農業の担い手のニーズへの対応強化に向けた営農経済事業体制の整備

**Ⅱ　くらし・地域活性化戦略**

➤活動・事業を通じた組合員の豊かなくらしの実現（活動と事業の好循環）
➤活動の実践による協同組合としての強みの発揮
➤総合事業による組合員の豊かなくらしの実現
➤活動・事業を通じた地域社会の活性化・地域共生社会の実現

**価値提供を支える基盤強化の取り組み**

**Ⅲ　組織基盤強化戦略（ＪＡ仲間づくり戦略）**

➤組合員等の現状把握と類型化をふまえた関係強化
➤価値観を共有する仲間づくり（組合員数の維持・拡大）
➤女性・青年など多様な組合員の参画促進
➤組合員の学びの場の提供・リーダー育成

**Ⅳ　経営基盤強化戦略**

➤持続可能な経営基盤の確立・強化
➤組合員・利用者から信頼される組織・業務運営の実践
➤価値提供に向けた協同組合らしい人づくり
➤ＪＡの機能発揮に向けた中央会・連合会による支援

**JA・農業への理解醸成の取り組み**

**Ⅴ　広報戦略**

➤農業・ＪＡグループに対する理解醸成・行動変容に向けた情報発信
➤組織内広報（インター広報）による役職員・組合員の理解促進
➤戦略的な情報発信に向けた広報戦略の確立

参考：JA全中「第30回JA全国大会組織協議案（本冊23頁）」

ともに、改正された食料・農業・農村基本法も強く意識しています。また、組合員・地域と「ともに」とは、組合員との対話運動を意識しています。組合員・地域住民との関係強化に取り組み、地域に協同の輪を広げることが期待されます。

とくに注目したい点は、副題の「協同活動と総合事業の好循環」です。組織協議案ではこの副題を「今大会のキーフレーズ」と位置づけました。すでに見た通り、「協同活動」と「総合事業」は、ＪＡにしかない特徴であり、ＪＡの強みです。さらに、協同活動と総合事業を「好循環」させることが、副題にこめられたたいせつなメッセージです。

## ＪＡの事業と協同活動は切り離せない

活動というと、ＪＡまつりや生活文化活動、くらしの活動、ＪＡ女性部などの組織活動をイメージされる方が多いと思います。支店協同活動も、組合員との「接点」づくりとしてのみ捉えられることが多いのではないでしょうか。ですから、ＪＡ役職員のなかでは、活動と事業を別々の取り組みとして捉えている方も多いと思います。しかし、別々に捉えることは、協同組合の理解として正しいとはいえません。正しく理解するカギは「協同活動」の意味です。協同組合という組織は、同じ願いや課題を持つ人々（組合員）が結集（出資）して、事業（利用）を通じて願いをかなえ、課題を解決します。運営も組合員自らが行います（参画）。人々がともに力を合わせて取り組む、これが「協同活動」です。

たとえば、生産部会では、生産者が結集して、よりよい農畜産物を生産し、より有利に販売したい、より有利に肥料や農薬、農業資材などを購入したいという願いを叶えます。生産者がともに行う、営農技術や市場環境の学習、共同販売・共同購入、利用する施設の運営などは、まさに協同活動そのものであり、そうした協同活動をより効率的におこなうために専門家（＝ＪＡの役職員）を雇用し、事業化したものがＪＡの「事業」です。

このように考えると、協同活動とＪＡの事業は別々のものではなく、むしろ事業は協同活動の一環なのだとわかります。

信用事業や共済事業といったＪＡの金融事業も、お金の困りごとやくらしの保障などの願いや課題を共有する組合員が結集することから始まりました。ＪＡの金融事業が巨大化し、かつ高度に専門化したために少しわかりにくいですが、その出発点は、やはり人々が組合員となって願いをかなえ、課題を解決する協同活動なのです。

協同組合が設立された歴史を学び、ＪＡの歴史的な発展を学ぶと、組合員が起点となった協同活動からＪＡの各事業が生まれてきたことがわかります。本来の協同組合の姿では、協同活動と事業を切り離すことはできません。第30回ＪＡ全国大会のテーマとして「協同活動と総合事業の好循環」を掲げたことは、あらためてわたしたちが協同組合の原点と特徴、その強みを再確認する上でたいへん重要なことです。２０２５年が国際協同組合年となったこともよい契機といえるでしょう。

活動から事業が生まれ、事業から次の活動につながるという好循環を育み、協同の輪を広げることでより元気なＪＡを築いていきましょう。

# 9 柱の一つに掲げられた組織基盤強化戦略

## 五つの戦略を情報提供の視点から考える

ＪＡグループの存在意義を発揮して、「組合員・地域とともに食と農を支える協同の力～協同活動と総合事業の好循環～」を達成するために、第30回ＪＡ全国大会では、「食料・農業戦略」「くらし・地域活性化戦略」「組織基盤強化戦略（ＪＡ仲間づくり戦略）」「経営基盤強化戦略」「広報戦略」の五つの戦略が掲げられました。

あらためて、第30回ＪＡ全国大会議案の取り組みを見てみましょう。ここでは二つの特徴が見出せます。

一つ目の特徴は「価値提供」というキーワードです。これまでのＪＡ全国大会ではこの文言が使われたことはあまりありませんでした。比較的近いと考えられるのは「メリット」や「組合員メリット」でしょう。

価値提供は、「ＪＡの事業・活動を通じて、ＪＡグループが組合員・地域社会に提供する価値」として提起されています。そして、その価値は「食料・農業への貢献」「組合員のくらし・地域社会への貢献」の二つです。

価値提供は、ＪＡグループが果たしている社会的な役割といえます。さらに踏み込めば、ＪＡの役職員一人ひとりの仕事が価値提供そのものであり、その業務を通じて社会的な役割を果たしているといえます。価値提供というキーワードは、仕事・業務にあたるＪＡ役職員の背中を強く支えてくれるメッセージではないでしょうか。

図８では、五つの戦略をこの価値提供という考え方から位置づけ、分類しています。具体的に価値提供をおこなう取り組みが「食料・農業戦略」と「くらし・地域活性化戦略」。そして、その価値提供を支えるためにＪＡの基盤を強化する取り組みが「組織基盤強化戦略（ＪＡ仲間づくり戦略）」と「経営基盤強化戦略」です。そしてＪＡ・農業への理解を醸成する「広報戦略」が取り組みの全体を支えています。

## 組織基盤強化と経営基盤強化はつながっている

大会議案の二つ目の特徴は、「組織基盤強化戦略（ＪＡ仲間づくり戦略）」が、一つの柱

## 図8　第30回JA全国大会議案の取り組みと5つの戦略

### 第30回JA全国大会議案

**大会議案 主題・副題**

組合員・地域とともに食と農を支える協同の力　～協同活動と総合事業の好循環～

**価値提供に向けた取り組み**

**Ⅰ　食料・農業戦略**

- ➤食料安全保障への貢献に向けた地域農業の実践
- ➤次世代の確保や環境との調和を通じた持続可能な農業の実現
- ➤農業所得の増大・国産農畜産物の安定供給
- ➤農業の担い手のニーズへの対応強化に向けた営農経済事業体制の整備

**Ⅱ　くらし・地域活性化戦略**

- ➤活動・事業を通じた組合員の豊かなくらしの実現（活動と事業の好循環）
- ➤活動の実践による協同組合としての強みの発揮
- ➤総合事業による組合員の豊かなくらしの実現
- ➤活動・事業を通じた地域社会の活性化・地域共生社会の実現

**価値提供を支える基盤強化の取り組み**

**Ⅲ　組織基盤強化戦略（ＪＡ仲間づくり戦略）**

- ➤組合員等の現状把握と類型化をふまえた関係強化
- ➤価値観を共有する仲間づくり（組合員数の維持・拡大）
- ➤女性・青年など多様な組合員の参画促進
- ➤組合員の学びの場の提供・リーダー育成

**Ⅳ　経営基盤強化戦略**

- ➤持続可能な経営基盤の確立・強化
- ➤組合員・利用者から信頼される組織・業務運営の実践
- ➤価値提供に向けた協同組合らしい人づくり
- ➤ＪＡの機能発揮に向けた中央会・連合会による支援

**JA・農業への理解醸成の取り組み**

**Ⅴ　広報戦略**

- ➤農業・ＪＡグループに対する理解醸成・行動変容に向けた情報発信
- ➤組織内広報（インター広報）による役職員・組合員の理解促進
- ➤戦略的な情報発信に向けた広報戦略の確立

参考：JA全中「第30回JA全国大会組織協議案（本冊23頁）」

として位置づけられた点です。

これまでのＪＡ全国大会では、おおむね「営農」「くらし」「経営」「広報」という四つの柱で構成されていました。前回の第29回ＪＡ全国大会では、この四つの柱に「人づくり」が加わり、五つの柱となりました。そして、組織基盤という考え方は、活動という視点からは「くらし」に、組合員の拡大や意志反映・運営参画といった視点からは「経営」に位置づけられる傾向がありました。

しかし、今回の大会では、「組織基盤強化」として柱の一つとなりました。同時に価値提供を支える基盤強化の取り組みとして「経営基盤強化」との連続性が強く意識されています。ＪＡ役職員の感覚から考えると、組織基盤強化というと生活文化活動やくらしの活動に結びつけて考える方が多いと思います。そのため、「活動をしたら事業の成果に結びつくのか？」という疑問の声をよく聞きます。こうした疑問に応える意味でも、柱として位置づけた意義があります。

そもそも、株式会社など他の事業体では、お客さんをいかに獲得して増やすかということが事業と経営の戦略の柱に位置づけられています。さらには、獲得したお客さんをいかに囲い込み、利用の多い顧客へと導くかが、競争力を高めるための戦略として実践されています。ＪＡと同じ協同組合である生活協同組合でも、利用者の増加が事業の成果に直結するために組合員の拡大、組合員との関係強化が重視されています。ところが、ＪＡでは、この組織基盤強化の取り組みが、ある意味で活動の領域にとどまってしまい、事業、さらには経営とのつながりが見えにくくなっています。

第30回ＪＡ全国大会で組織基盤強化を一つの柱として位置づけ、さらに経営基盤強化との連続性が意識されたことは、協同組合において活動と事業をあらためて結びつける重要な提起といえるでしょう。

## アクティブ・メンバーシップは組織基盤強化に

わが国の人口が減少し、農業者も著しく減少するなか、ＪＡの組織基盤は縮小傾向にあります。組合員数は減少を続け、農業者＝正組合員というステレオタイプの考え方は、組合員の多様化という実態から大きく乖離しています。

組合員の姿を見つめなおすためには、まず組合員の実態把握に努め、組合員との話し合い（対話運動）を徹底して組合員の願いや課題を掴むことが必要です。そして、組合員の願いや課題を事業につなげるプロセスを徹底することが事業の推進につながり、その先の経営基盤の強化につながります。

こうした考え方は、JA自己改革の取り組みのなかではアクティブ・メンバーシップと呼ばれてきました。第30回JA全国大会ではアクティブ・メンバーシップという文言はほとんど使用されていません。代わりに組織基盤強化と表現されています。しかし、そのプロセスや目指すところは、認知から利用、利用から参加、そして組合員の意志反映・運営参画につなげていくという点において変化していません。むしろ、これまで積み重ねてきたアクティブ・メンバーシップの取り組みを、JAの事業、経営まで含めて、より総合的かつ必須の取り組みとして捉えているのが、今回の「組織基盤強化」に込められています。

このような視点から組織基盤強化を考えると、すでに見た食料・農業戦略の鍵である次世代総点検運動は、農業の次世代の主人公を増やすという、まさにJAの組織基盤強化に直結する取り組みだと理解できます。

また、JAの存在意義を発揮して食と農を支えるためには、消費者や地域住民の中から准組合員の「仲間」を増やし、関係を強めることもたいせつです。それゆえに組織基盤強化戦略は「JA仲間づくり戦略」という名称がつけられているのです。

# 10 活動から事業へ、事業から活動へ

では具体的に組織基盤強化戦略を進めていくにはどうしたらよいか、そのプロセスとポイントについて考えましょう。組織基盤強化戦略は、「組合員等の現状把握と類型化をふまえた関係強化」「価値観を共有する仲間づくり（組合員数の維持・拡大）」「女性・青年をはじめとする多様な組合員等の参画促進」「組合員の学びの場・リーダー育成」の四つの取り組みから構成されています。

## 組合員の見える化

まずは、「組合員等の現状把握と類型化をふまえた関係強化」から始まります。現状把握とは、すでに見たように多様化している組合員の姿に接近することが目的です。わたしたちが思っている以上に組合員は多様化しています。さらに、正組合員と准組合員の垣根は低くなり、グラデーション化しています。まずは、組合員の姿を対話運動やアンケート

図9　組織基盤強化戦略（JA仲間づくり戦略）の全体像

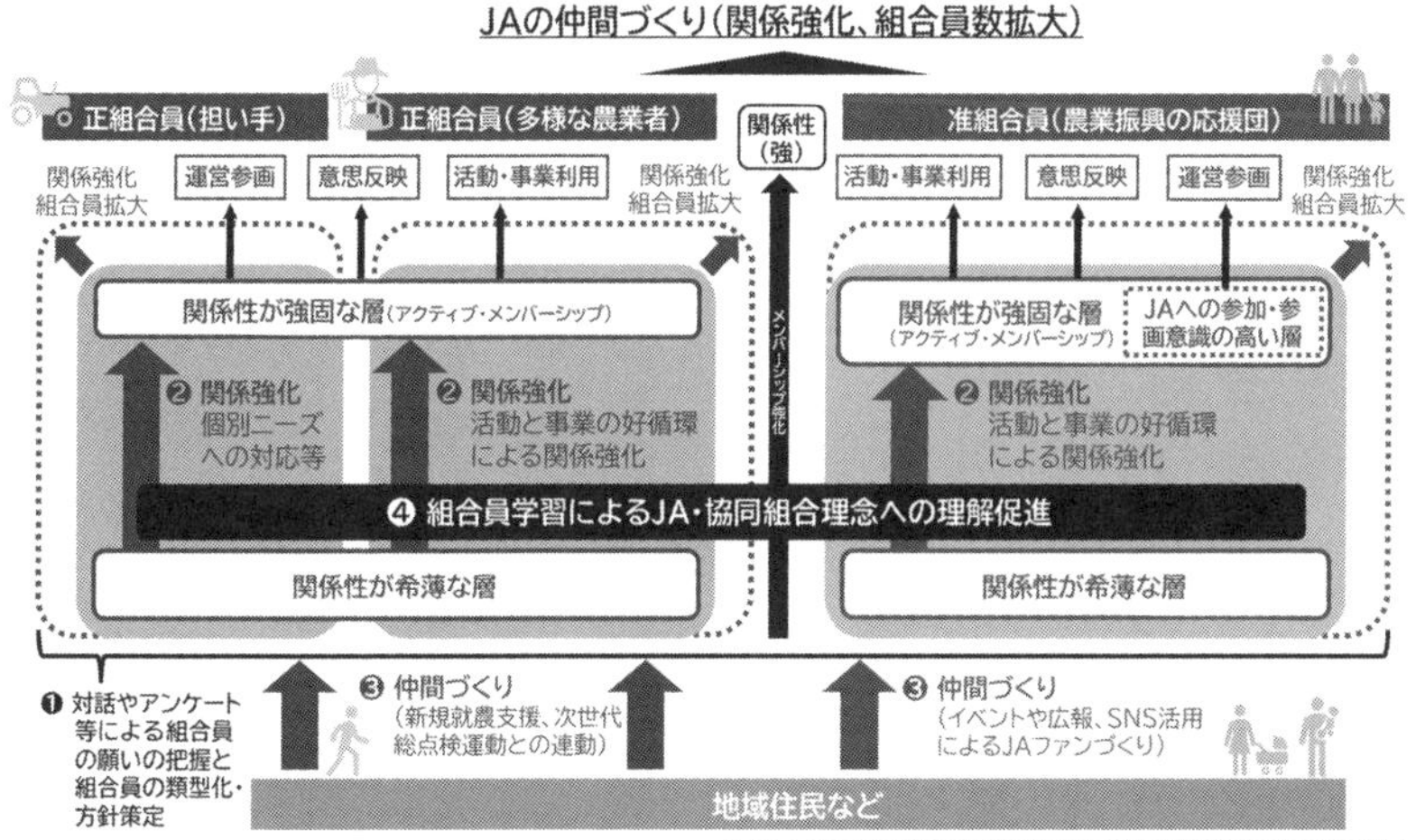


出典：JA全中「第30回JA全国大会組織協議案（本冊30頁）」

を通じて「見える化」して、JA内で共有しましょう。

JA全中では「メンバーシップアンケート」という組合員の現状把握と類型化のためのツールを展開しています。ただ、あくまでもツールですので、その結果がすぐに対応につながるわけではありません。JAみずから分析し、JAが活用するためのものだと認識してください。

## ポイントは活動を事業につなげること

次に組合員の類型化をはかります。JAへの期待ごとの類型化や、JAとのかかわりの度合い、年齢階層など属性別の類型化をおこないます。組合員の多様化という観点からは、とくに「農業やＪＡから遠くなりつつある正組合員」と、「ＪＡに期待し近しい思いを抱く准組合員」の把握が必要であり、とりわけ前者は相続対策・承継対策として差し迫った課題です。

組合員を類型化すると、それぞれの類型には、共通する願いや課題が表れます。その願いや課題に対応した関係強化の取り組みを考えます。それぞれの類型の組合員との接点づくりや集まる機会を生み出すのです。

たとえば、農業やＪＡから遠ざかりつつある正組合員の場合は、正組合員本人だけではなく、その後継者や資産の相続対象者も対象となります。彼らにアプローチするためには、相続相談や資産管理の相談、くらしの保障の相談の場を設けるのが有効です。また、農業体験や食農教育などの機会も接点づくりに効果があります。支店協同活動やＪＡまつりなどの活動も、広く接点をつくるのに有効です。

活動を通じて「価値観を共有する仲間づくり」を進めることができれば、組合員の加入拡大につながることも期待できます。

そして、もっともたいせつなのは、そうした接点づくり、集まる場づくりとしての活動から、事業につなげることです。そもそも、組合員の願いをかなえ、課題を解決する取り組みが協同活動であり、事業です。

さきほどの、後継者や相続対象者を例に考えてみましょう。

彼らに共通する課題は、相続や資産管理などです。そして、これらの課題に対して、JAには信用事業や共済事業をはじめとした総合的な事業があります。彼らが圃場の管理や担い手への集積といった課題に悩んでいれば、営農指導事業がその役割を発揮します。活動に参加した後継者や相続対象者に、相続相談や営農相談などの事業を紹介することで、活動から事業につながります。

逆転の発想をするのもよいでしょう。推進したい事業から対象者を明確にして、その対象者との接点をつくるための活動を企画するのです。株式会社など他の事業体では、販売したい商品やサービスを起点として、その対象となるお客さんとターゲットを明確にします。そして、そのターゲットに接近するためのイベントなどを企画しています。

このように、事業と活動を結びつけるためには、JAの事業部門間の連携に加えて、組合員との最初の接点である支所・支店・営農センターと、本所・本店の連携が必要になります。JA全体で取り組むためには、JA役職員全員が、組織基盤強化の取り組みの必要性を理解し、共有することがたいせつです。

## 自分のＪＡの活動を知ろう

「ＪＡに期待し近しい思いを抱く准組合員」の数は、准組合員の割合が多いＪＡでは、３割以上を占めるケースも見られます。課題は、そうした准組合員の顔が見えておらず、そのために彼らの期待に応えられていない点です。

ＪＡ全中がすでに実施したメンバーシップアンケートの自由記入欄を見ると、こうした准組合員からの「ＪＡの情報が届いていない」という声が複数見つかります。「子どもを食農教育に参加させたかったが、開催のお知らせがなかった」「ＪＡの活動に興味があるが、准組合員になった後、情報が全くない」などです。

ＪＡに期待し近しい思いを抱く准組合員の多くが望むことは、大半のＪＡがすでに実施している農業体験や食農教育、ＪＡファーマーズマーケットです。高齢者向けに健康や日々の楽しみをテーマにした活動も多くのＪＡですでに実施しています。

ＪＡの強みは、営農とくらしにかかるほぼすべての願いや課題に応えることができる総合事業と、食と農という人々が関心を持ち訴求力があるコンテンツを有していることです。

新しい活動はもちろんですが、すでにある活動を、組合員の願いや課題に応じてつなげるだけで、協同の輪は広がります。

繰り返しになりますが、たいせつなのは、活動に参加した組合員の願いや課題を、事業につなげることです。子どもの食農教育に関心がある准組合員のためには、子育てに関する信用事業や共済事業のメニューがたくさんあります。高齢の組合員であれば、相続相談や健康に関する事業がたくさんあります。しっかりと事業につなげるには、まず、ＪＡ役職員が、自分たちＪＡがどのような活動を行っているのかを知る必要があります。逆にいえば、ＪＡの活動の情報を役職員間で共有するだけで、事業につなぐ機会が増えるのです。

まずはＪＡの総代会資料や中長期経営計画をはじめとして、ＪＡのホームページや広報誌に目を通してください。そして、活動から事業へ、事業から活動への好循環を生み出せば経営基盤強化にも大きくつながります。

# 11 食農教育を広げてつながりを増やし、深める

## 注目は第2次ベビーブーム世代

組織基盤強化戦略は、組合員の多様化を「農業やＪＡとの距離」で整理しています。そのうえで求めているのは、距離が離れつつある正組合員とその後継者・相続対象に早急に対応することです。そして、ＪＡに期待し近しい思いを抱く准組合員への積極的なアプローチを中心に、仲間づくりを広げ、活動から事業へ、事業から活動への好循環を生み出すことです。

ここで視点を変えて、組合員を「世代別」に見ていきましょう。前提としてＪＡの組合員、とくに正組合員は65歳以上のいわゆる高齢者が過半数を占めています。１９６０年代の時点で、農協は組合員の高齢化を課題としていましたし、現在のＪＡも同様です。しかし、第1章「2人口減少と少子高齢化社会　～変わる地域社会～」で見たように、平均寿

命が著しく伸びていることにも注目する必要があります。定義の上では65歳以上が高齢者とされますが、ＪＡや農業の現場に行くと元気で活発に活動している方が相当に多く、果たして高齢者と呼んでよいものか、悩むところです。

とくに総代や農家組合長、生産組合長、支部長などＪＡ運営で中心的な役割を担っている方の多くは65歳以上の正組合員です。また、信用事業や共済事業、生活経済事業など、ＪＡ事業の中心的な利用も高齢の組合員によって支えられています。さらに、ＪＡの協同活動では、高齢の組合員が中心となっています。こうした実態から考えると、ＪＡは高齢者を中心とした、高齢者が主人公の協同組合ともいえます。

対して、「次世代」というとみなさんはどのような世代を思い浮かべるでしょうか。これまでのＪＡのさまざまな事業や活動の実態からみると、多くのＪＡでは次世代＝子育て世代と捉えているようです。また正組合員の後継者というとＪＡ青年組織の盟友の年齢層を思い浮かべる方も多いでしょう。

しかし、じつは次世代も一定の階層性がありつつ、多様な姿があります。平均寿命が延びている現在では、後継者である相続対象者の年齢も高年齢化しています。50歳代や60歳代、場合によっては70歳代の次世代の方も少なくありません。また、農村から離れ、農業やJAから遠い存在となった50歳代、60歳代の方々が、数年後には地元に戻ります。総代や農家組合、生産組合、支部などの組合員組織にかかわる機会も増えるでしょうから、彼らを対象とした次世代対策も求められます。

一般的に次世代として捉えられてきた子育て世代も、相応に年齢階層が広くなっています。たとえば、30歳代半ばで誕生した子どもが小学校に入学するとき、親である子育て世代は40歳代から50歳代です。高校卒業時や成年時には、親は50歳代となります。このように考えると、子育て世代の年齢階層は相当に広がっています。果たして、みなさんのＪＡの子育て世代の年齢階層の認識は、実態に合っているでしょうか。

さらに注目すべき世代があります。それは、２０２４年現在で50歳前後の第２次ベビーブーム世代です。わが国の人口ピラミッドを見ると、この第２次ベビーブーム世代と、その親世代である１９４０年代後半に生まれた第１次ベビーブーム世代＝団塊の世代が大きなボリュームゾーンになっています。しかし、第１次ベビーブーム世代のみなさんは75歳を超え、後期高齢者となっています。

10～20年後の未来を予測すると、出生率が著しく低下しているため、この現在50歳前後の第２次ベビーブーム世代が最後のボリュームゾーンとなります。近い将来、彼らが地域の、そしてＪＡの主人公となるはずです。

ところが、現在50歳前後の方々とＪＡの接点は相当に限られています。とくに、正組合員の後継者の多くは農地がある故郷を離れています。本人が農業者でない場合は農業とのかかわりが少ないだけではなく、故郷とのかかわりも薄くなります。さらに、これらの後継者の多くは、ＪＡ役職員が働いている時間帯に就業しているので、直接対話する機会も限られるでしょう。将来の、かつ最後のボリュームゾーンでもある現在50歳前後の第２次ベビーブーム世代とどのようにかかわっていくかが、ＪＡの事業、経営の面からも大きな課題です。

## 「全世代型食農教育」の提起

あらためて、世代別の組合員像をかんたんに整理してみましょう。まず、ＪＡの事業、活動、運営の中心に65歳以上の高齢者が位置づけられます。その下の世代である50歳代後半から60歳代前半に、数年後のＪＡの主人公となる世代が位置します。さらに下の50歳前後の第２次ベビーブーム世代が将来のＪＡ事業のボリュームゾーンとして位置します。子育て世代の年齢層は20〜50歳代まで広がっており、未来のＪＡの主人公として期待されます。

ＪＣＡ（一般社団法人日本協同組合連携機構）の調査によると、協同組合との共感度は子どもの頃のつながりが強く影響していることがわかりました（「協同組合に関する全国意識調査２０２２　報告書」46頁、全文ＨＰにて公開）。子どもの頃に参加したＪＡまつりや食農教育、農業体験などは、未来のＪＡの主人公にとって最初のきっかけとなります。また、「食」への関心は、すべての世代に共通する願いです。近年では、たんに「食」だけではなく、その先にある物語としての「農」「自然」への関心も広がっています。

ＪＡ以外の多くの事業体にとっても、食や農、自然環境などのコンテンツは、多くの人々に訴求するコンテンツとして高い期待が寄せられています。このようなことから、食と農の取り組み、さらにはその土台となる自然環境とのかかわりは、すべての世代に共通するＪＡの強みの一つといえるでしょう。

そのため、第30回ＪＡ全国大会では、新たに「全世代型食農教育」が提起されました。農業の理解醸成をはかる食農教育を、全世代を対象として実施し、子ども向けには学校教育との連携、大人向けには健康増進などと結びつけます。さらに、その入り口として、全世代が参加するＪＡまつりや農業まつりを位置づけています。

## 図10　これまでの食農教育と、これからの全世代型食農教育（イメージ）

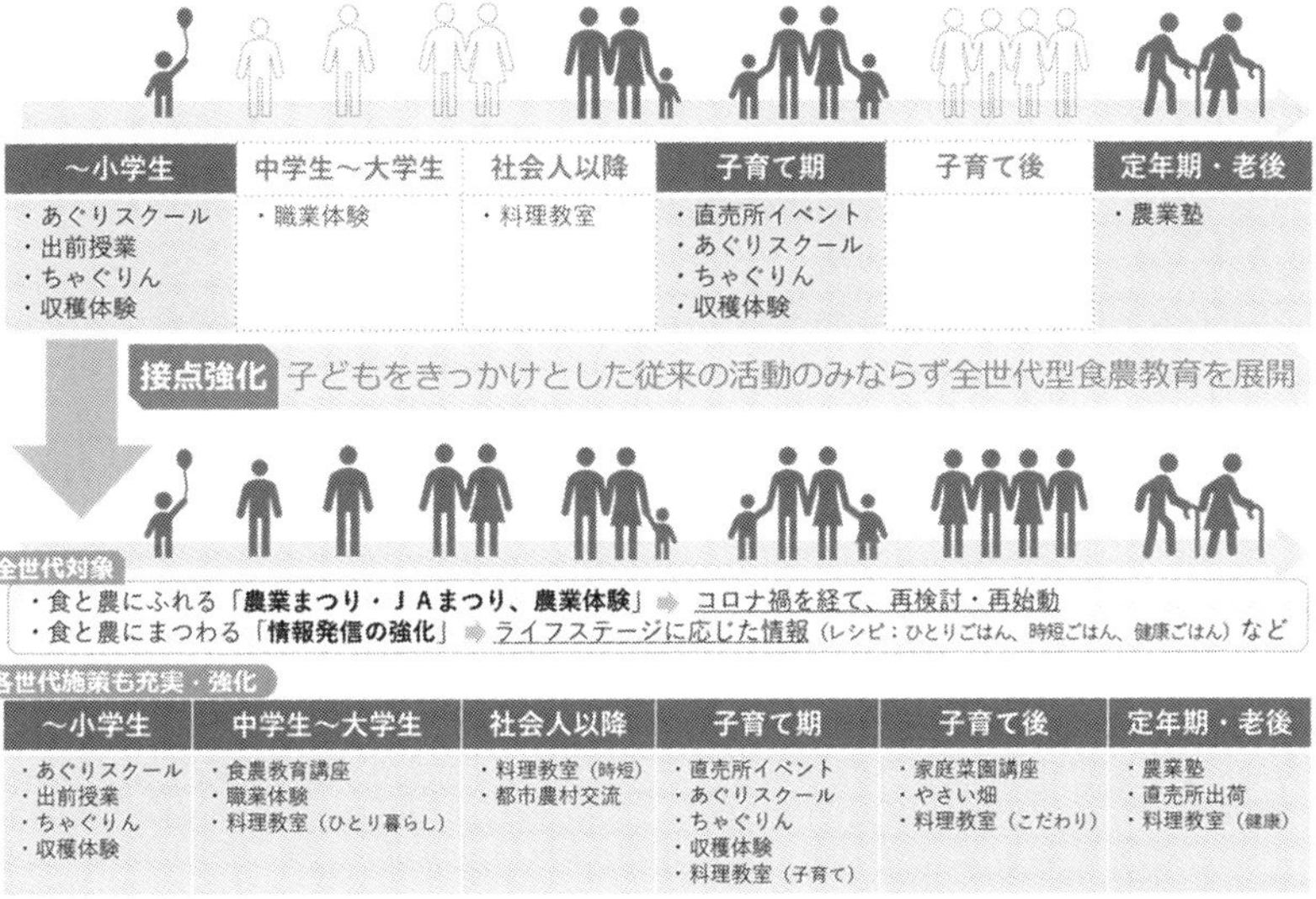

| ～小学生 | 中学生～大学生 | 社会人以降 | 子育て期 | 子育て後 | 定年期・老後 |
|---|---|---|---|---|---|
| ・あぐりスクール<br>・出前授業<br>・ちゃぐりん<br>・収穫体験 | ・職業体験 | ・料理教室 | ・直売所イベント<br>・あぐりスクール<br>・ちゃぐりん<br>・収穫体験 | | ・農業塾 |

**接点強化** 子どもをきっかけとした従来の活動のみならず全世代型食農教育を展開

- 食と農にふれる「**農業まつり・ＪＡまつり、農業体験**」 ⇒ <u>コロナ禍を経て、再検討・再始動</u>

- 食と農にまつわる「**情報発信の強化**」 ⇒ <u>ライフステージに応じた情報</u>（レシピ：ひとりごはん、時短ごはん、健康ごはん）など

**各世代施策も充実・強化**

| ～小学生 | 中学生～大学生 | 社会人以降 | 子育て期 | 子育て後 | 定年期・老後 |
|---|---|---|---|---|---|
| ・あぐりスクール<br>・出前授業<br>・ちゃぐりん<br>・収穫体験 | ・食農教育講座<br>・職業体験<br>・料理教室（ひとり暮らし） | ・料理教室（時短）<br>・都市農村交流 | ・直売所イベント<br>・あぐりスクール<br>・ちゃぐりん<br>・収穫体験<br>・料理教室（子育て） | ・家庭菜園講座<br>・やさい畑<br>・料理教室（こだわり） | ・農業塾<br>・直売所出荷<br>・料理教室（健康） |

出典：JA全中「第30回JA全国大会組織協議案（別冊29頁）」

## 12 ＪＡ教育文化活動が組織基盤強化のカギ

### トップが自分の言葉で

組織基盤強化戦略（ＪＡ仲間づくり戦略）の中心となるプロセスは次の通りです。

（１）組合員の多様化を把握する。

（２）願いや課題ごとに組合員を類型化する。

（３）類型化した組合員ごとに接点づくり・関係性強化のための活動をおこなう。

（４）活動から事業につなげる。

このうち（３）の接点づくり・関係性強化のための活動と（４）の活動から事業につなげるという過程は、事業によっては逆の順番になりえます。推進する事業のターゲットを明確にして、そのターゲットとの接点づくりや関係性強化をおこなうための事業から活動につなげる形です。

また、「活動の中身自体は、すでにみなさんのＪＡで数多く実践されている」という点を知っておくべきです。一から新しい活動をはじめる必要はなく、すでに実施している活動を見直し、組織基盤強化戦略のプロセスに組み込んでいけばよいのです。そうすることで、これまで以上に活動の効果が発揮されるでしょう。

組織基盤強化戦略のプロセスでは、接点づくりや関係性強化のための活動を実践する部署と、事業を実施する部署の連携もたいせつです。そのためにも、ＪＡ役職員は、戦略の必要性を理解し、接点づくりや関係性強化の活動が重要な業務であると認識すべきですし、ＪＡは活動を役職員の業務として明確に位置付けるべきです。

重要なのはＪＡのトップが「自分の言葉で語る」ことです。このトップとは、ＪＡの組合長や常勤役員はもちろんですが、地域や組織を代表する非常勤役員も含まれます。さらに、各職場の管理職もその職場ではトップです。上司が説明できなければ、部下は納得して業務に向き合いづらいでしょう。加えてＪＡ全体の意思統一を図るため、基本方針と行動計画を策定し、他の業務と同じようにＰＤＣＡ（計画・実行・評価・改善）を回す仕組みを用意しましょう。

## 組織基盤強化を効率よく進めるために

組織基盤強化戦略の基本方針と行動計画を策定し、ＰＤＣＡを回すとなると、なかなかたいへんです。しかし、ＪＡには「ＪＡ教育文化活動」という取り組みがあります。ＪＡ教育文化活動は、ＪＡの先達が体系化した組合員との接点づくり、関係性強化の仕組みです。組織基盤強化戦略そのものが体系化されているともいえ、ＪＡ役職員が組織基盤強化を理解するために必要な学習面が整えられています。

しかし、近年はＪＡ教育文化活動を単なる活動として誤解しているＪＡ役職員が少なからず見受けられます。せっかく先達が体系化したＪＡ教育文化活動を理解せず、活用することなく、同じ仕組みを一からつくろうとするのは効率的といえるでしょうか。たぶんにＪＡ役職員の先達も私たちと同じように組合員の協同組合の理解や結集、事業の推進に頭を悩ませたことでしょう。その経験の積み重ねの集大成がＪＡ教育文化活動ともいえます。すでに体系化されているならば、それを活用しない手はありません。

ＪＡ教育文化活動は四つの領域があります。「教育・学習活動」では協同組合特有の理念や原則を学びます。ＪＡ役職員にとっての目的は、「自分の言葉」で協同組合を語るこ

図11　JA教育文化活動の4つの領域

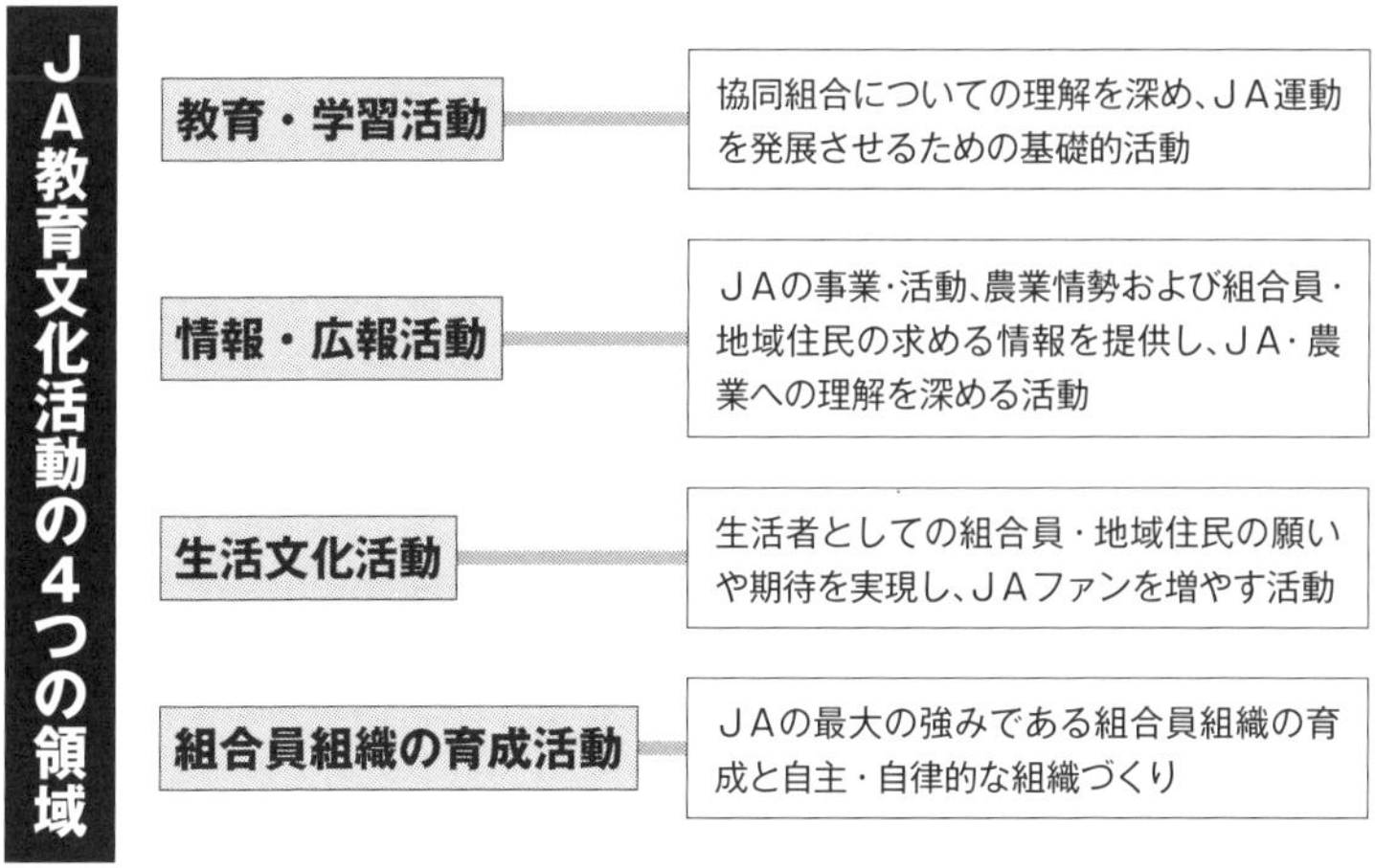
ＪＡ教育文化活動の４つの領域
教育・学習活動
協同組合についての理解を深め、ＪＡ運動を発展させるための基礎的活動
情報・広報活動
ＪＡの事業･活動、農業情勢および組合員･地域住民の求める情報を提供し、ＪＡ･農業への理解を深める活動
生活文化活動
生活者としての組合員・地域住民の願いや期待を実現し、ＪＡファンを増やす活動
組合員組織の育成活動
ＪＡの最大の強みである組合員組織の育成と自主・自律的な組織づくり

とができるようになることです。組合員にとっての目的は協同組合の理解だけではなく、営農やくらしにかかるさまざまな知識を学ぶことです。教育・学習活動は、協同組合らしいＪＡの組織風土を築くための土台となる領域です。

「情報・広報活動」の目的は、組合員（および地域住民）にＪＡ・農業の情報を正しく伝え、それらへの理解を深めてもらうことです。インターネットが発達した現代社会では、さまざまな情報が飛び交います。情報を吟味し正しく捉えるために、ＪＡ役職員自身も情報発信だけではなく知識を学ぶことがたいせつです。

食と農は、多くの人々にとって共通する関心ごとです。食と農を中心にＪＡの活動や事業を積極的に発信することで、ＪＡファンの広がりを増やすことは、我が国の食と農の理解者を増やし、応援団を増やすことにつながりますから、ＪＡが元気になるのはもちろん、農業を振興する土台となります。

「生活文化活動」は、みなさんのＪＡで活発におこなわれている活動です。目的は、組合員同士、組合員とＪＡ役職員の接点強化と関係性強化です。ＪＡでは、サークル活動として多くの生活文化活動がおこなわれています。これらの活動は、共通の趣味を契機に組合員が集まり、顔見知りになり、おしゃべりを通じて願いや課題を共有する場となります。おしゃべりに表れる共通する願いや課題は、ＪＡの事業の種となります。

「組合員組織の育成活動」の目的は、教育・学習活動、情報・広報活動、生活文化活動の場であり、土台となる組合員組織を育成することです。ＪＡでもっとも元気な組合員組織は、作目別の生産部会でしょう。同じ作目の農業者が結集して、ともに学び、ともに活動し、ともに事業を利用することで、産地を発展させてきました。めざすところは、生産部会のように願いや課題を共有する組合員が結集して協同する組織です。また、ＪＡ女性組織や青年組織などの自主・自律的な組織づくりも含まれています。

総合事業を営むＪＡにとって、組合員組織の育成活動はもっともたいせつな活動です。

ヨーロッパで一般的な専門農協は、酪農協同組合であれば酪農家、畜産協同組合であれば繁殖農家か肥育農家、というように一つの協同組合に結集する組合員の願いや課題は限定されます。ところが、日本の農協（ＪＡ）は総合事業を営んでいますから、営農に願いや課題がある組合員がいれば、お金やくらしの保障に願いや課題がある組合員もいます。高齢化社会では健康や福祉の願いや課題がある組合員もいるでしょう。ですから、組合員の願いや課題ごとに組合員が結集する場が必要となります。組合員の願いや課題の数だけ、それに応えるＪＡの事業があり、組合員の組織が必要なのです。逆に考えると組合員組織の数だけ、事業の種が生まれるということであり、組合員組織こそＪＡが元気になる根っことなるのです。

## 間接的ではなく直接的に経営に影響を与える

ＪＡ教育文化活動の役割は、第一義的には組合員の願いを実現することにありますが、ＪＡの経営にとってはどのような効果があるでしょうか。家の光協会が発行した「ＪＡ教育文化活動実践の手引き（２００８年）」には、「経営面からみると、（中略）ＪＡの事業や経営に及ぼす間接的な収支効果、人と人を結びつけて組織を活性化する効果、ＪＡの社会的評価を高める効果がある」と書かれています。

この文章では「間接的な収支効果」と表現されていますが、ここまで見てきたようにＪＡの組合員が多様化し、その願いや課題も多様化したいま、そうした組合員との接点づくり・関係性強化の仕組みとしてＪＡ教育文化活動は経営に欠かせない取り組みです。もはや間接的ではなく直接的に収支効果に影響を与える時代になっているのです。

第30回ＪＡ全国大会で提起された組織基盤強化戦略と、ＪＡ教育文化活動を接続するうえで必要なことは、次の二つです。

一つは、多様化した組合員の、多様化した願いや課題に応えるために、組合員の姿を把握し捉えなおすこと。組織基盤強化戦略のプロセスで見た「(1) まず組合員の多様化を把握すること、(2) 願いや課題ごとに組合員を類型化すること」です。

もう一つは、「(4) 活動から事業につなげること」です。ＪＡの現場で盛んに実践されているさまざまな活動の効果や成果が見えにくいのは、この活動から事業につなげることが意識されていなかったからではないでしょうか。

このように考えると、組織基盤強化戦略のプロセスのなかでＪＡ教育文化活動は、「(3) 類型化した組合員ごとに接点づくり、関係性強化のための活動をおこなうこと」に位置づけられます。繰り返しになりますが、たいせつなことは新しい活動に取り組むことではなく、組織基盤強化戦略として組み立てる（＝プロセス）ことと、ＪＡ役職員の理解です。ＪＡ教育文化活動の役割と四つの領域を見つめなおし、ＪＡの組織基盤強化戦略を構築しましょう。

家の光協会では、先に紹介した「ＪＡ教育文化活動の手引き」のほか、さまざまな情報発信、研修の機会を用意しています。また、家の光協会のホームページでは、全国のＪＡの具体的な実践を解説する資料や、取り組みのデータベースなども豊富に公開されています。考えてみますと、こうした幅広い教育文化活動に資する情報発信の機能をＪＡグループ内に持っている団体は、他に類を見ません。あって当たり前の存在ではなく、およそ１００年前、私たちの先達が家の光協会を設立したからこそ、いまにつながっています。ＪＡの現場で組織基盤を強化するために、家の光三誌をはじめとする家の光事業を積極的に活用しましょう。

# 13 協同組合の人づくり

## 組合員大学の新しい形

第29回全国ＪＡ大会の柱の一つであった「ＪＡの人づくり」が、五つの戦略のなかにそれぞれ書き込まれる形に置き換わりました。その意味するところは、ＪＡの人づくりは、すべての戦略にとって重要であり、それぞれの戦略のなかでより細かく考える必要があるということです。

ＪＡの人づくりは、主に「組合員の人づくり」と「ＪＡ役職員の人づくり」の二つがあります。それに加え、ＪＡファンを増やすことも、協同組合の仲間を増やすという意味で人づくりといえるでしょう。

まずは、「組合員の人づくり」を見ていきましょう。

組合員の人づくりとは、先に見たＪＡ教育文化活動では、「組合員が主人公である協同組合として、ＪＡの主人公を育むこと」が目的とされています。具体的には、心豊かなくらしを営むための生涯学習や、次世代に向けたＪＡ理解の醸成、子どもたちを対象とした食農教育などが掲げられています。忘れがちなことですが、生産部会などでおこなわれる栽培講習や販売戦略なども、技術と市場を学ぶたいせつな教育・学習の機会です。近年では食や農に関する情報が氾濫するなかで、正しい知識を学ぶことも重要ですから、正しい情報の提供が欠かせません。

ＪＡの組合員の多様化という点では、とくに正組合員の次世代を対象とした人づくりと、幅広いＪＡファンを増やすための人づくりが重要です。ともに組合員がＪＡの主人公になることが目的です。

近年、全国のＪＡでは組合員大学の新しい形として、次世代リーダーの育成を目的とした開設が相次いでいます。第1章「4ＪＡの組織基盤の変化」で組合員の多様化を見ましたが、農業やＪＡから遠ざかりつつある正組合員が大きな割合を占めており、その次世代への対応が喫緊の課題となっています。相続対象となる次世代にＪＡのことを知ってもらう、そしてＪＡの主人公になっていただくためのステップアップの機会として、次世代リーダーを育成する組合員大学が期待されています。その到達点は、将来、役員としてＪＡ

の運営に参画できる人材を輩出することです。

一方、ＪＡファンを増やす取り組みとしては、広報戦略の強化とともに、とくに准組合員を対象とした学習の機会や、准組合員モニター制度などの取り組みも全国に広がりました。ＪＡファンを増やす准組合員向けの人づくりの到達点は、ＪＡの運営に意思を反映できるようになることです。

その学習の仕組みには新しい特徴があります。教育学でアクティブラーニングと呼ばれる、主体性を重視するスタイルです。これまでのＪＡでの学習の機会では、教室で学ぶような座学が多かったのではないでしょうか。しかし、座学で講義を聴くだけでは受け身で終わりがちです。

アクティブラーニングでは、講義のあとにグループワークをおこない、みんなで意見をまとめて発表するといった能動的な学習がおこなわれます。受講者がみずから考える機会、他の受講生と共有する機会をつくることで、学習効果は著しく上がります。仲間づくりにも大きな効果が見られるため、全国のＪＡでの取り組みが進んでいます。

図12　JA役職員の人材育成の3要素

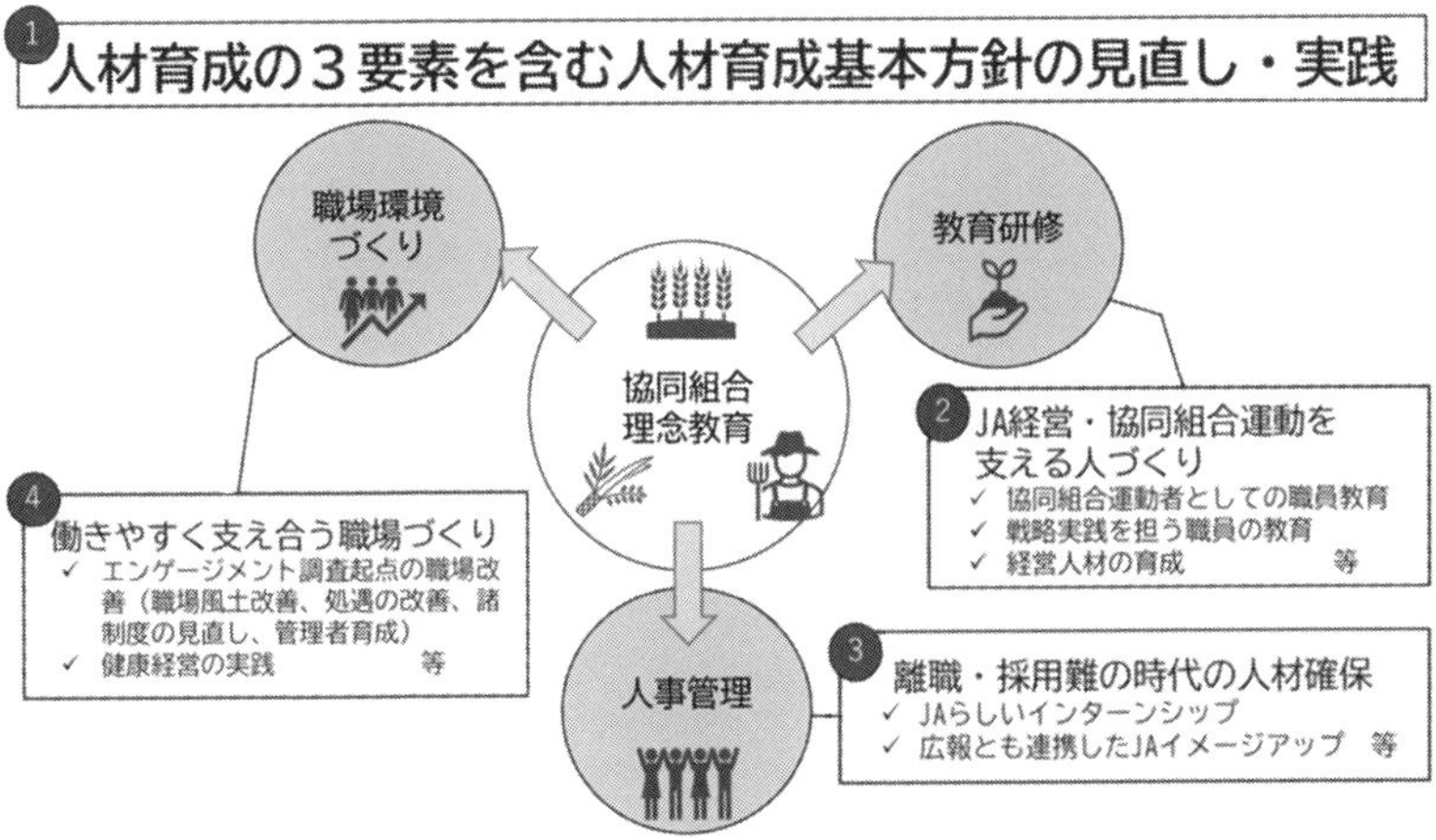


出典：JA全中「第30回JA全国大会組織協議案（別冊63頁）」

## ＪＡを自分の言葉で語る

次に「ＪＡ役職員の人づくり」について見ていきましょう。ＪＡ役職員の人づくりは、各ＪＡで定められた「人づくり基本方針」に従って進められています。第30回ＪＡ全国大会では、この人づくり基本方針の見直しが提起されました。

基本方針の見直しでは、人材育成として三つの要素がかかげられました。

一つは教育研修です。その目的は、とくにＪＡ経営・協同組合運動を支える役職員の育成にあり、資格認証試験や階層別研修が用意されています。

もう一つは人材確保です。近年、ＪＡでは

職員の離職と、採用における人材獲得競争が大きな課題となっています。人口が減少するなか、すべての産業で人手不足が課題となっており、ＪＡも同様なのです。

そして、最後の一つは職場づくりです。ここでは「エンゲージメント」という新しい言葉が出てきました。経済産業省によると、エンゲージメントの意味は「組織構成員の所属組織に対する愛着心や仕事への情熱、構成員と組織の双方向の関係性や結びつきの度合いを指す」とされています。ＪＡ役職員のＪＡ・職場に対する愛着心と言い換えられるかもしれません。今後、ＪＡの職員を対象にエンゲージメントの調査を実施し、その調査結果に基づいて対応を図ることが検討されています。

そもそも、ＪＡ役職員の人づくりは、かつての１００人から４００人前後の規模の職員数を前提に組み立てられています。各ＪＡで職員教育を実施することは難しく、都道府県中央会や連合会の単位で集合研修をおこなう仕組みです。各事業の業務に関する研修は連合会が主導し、その資格取得を含めて比較的手厚くおこなわれます。対して、協同組合理念などの研修は、資格認証試験や階層別研修に限られ、長い職員歴のなかでそうはありません。その結果、自分の言葉でＪＡ・協同組合を語ることができるＪＡ役職員が限られているのが、現在の実態でしょう。

近年、一県一ＪＡなどの大規模ＪＡをはじめとして、１０００人を超える職員を抱えたＪＡが増えています。これからは、とくに大規模なＪＡのなかでの人づくり、教育研修の機会の内部化が必要となるでしょう。環境の変化と、ＪＡの変化にあわせて次の人づくりのあり方の検討も、各ＪＡに求められます。もちろん、人づくりは教育研修体系だけではありません。人材育成としてのジョブローテーションも重要です。１００〜４００人規模であれば、ＪＡ役員はおおむね職員の顔がわかりました。しかし、１０００人を超える規模になったとき、一人ひとりの職員の顔を見ることは困難です。ＪＡ役員の資質の向上とともに、ジョブローテーションの改革も、これからのＪＡの課題といえます。

そして、もっともたいせつなＪＡ役職員の人づくりは、図12の中心に位置づけられた「協同組合理念教育」です。人づくりに限らず、さまざまな場面で「ＪＡらしさ」という言葉が使われますが、「ＪＡらしさ」とは何でしょうか。少なくとも、みなさんのＪＡでは「ＪＡらしさ」が共有されているでしょうか。大事なのは、ＪＡを自分の言葉で語り、同時にみんなで共有することです。そのためには、資格認証試験や階層別研修などだけでなく、ＪＡのそれぞれの職場での定期的な学習が求められます。まずは自分の職場であるＪＡを知り、職場での人づくりの学習の機会を持つことが強く期待されます。

# おわりに

ＪＡ全国大会の組織協議案は、全国農業協同組合中央会（ＪＡ全中）に大会チームが組織化されておよそ1年間の議論と検討を重ねて、策定されます。大会チームは、ＪＡ全中職員の若手をリーダーとして、全国連組織から出向した若手職員数名によって構成されます。かれらの仕事はなかなかの激務で、傍目で見ていてもたいへんな業務だと思います。

そもそも、全国のＪＡグループの今後の方針を策定するということ自体が、相当の難題です。全国のＪＡには、大規模な産地のＪＡや都市的なＪＡ、組合員が結集した小規模ＪＡから、いまや1県1ＪＡに代表されるような大規模ＪＡまで、さまざまなＪＡがあります。立地条件や、組合員の結集軸を考えると、ＪＡごとにさまざまな異なる課題があるはずで、それをひとつの方針にまとめるということは、無理難題といえるでしょう。いきおい、組織協議案は最大公約数的な中身にならざるを得ないのですが、そうなればそうなったで、さまざまな意見が頻出します。言葉の使い方ひとつとっても、捉え方は千差万別ですから、言葉の選択自体も難しいでしょう。

さらに、ＪＡグループの縦割りという課題もあります。縦割りは、合理的に進めるために必要な仕組みですから、それ自体が悪いというわけではありません。ですから、縦割りに横糸を通す、「横串を通す」ということがたいせつになります。いってみれば大会チームの仕事は縦割りのＪＡグループに横糸を通すということになります。

そうやってＪＡグループそのものの課題に正面からぶつかって策定されたのが、組織協議案です。批判をすることは簡単です。しかし、新進気鋭の若手職員たちが、さまざまな人々の意見に耳を傾けながら、未来のＪＡに思いを馳せて考え抜いた成果が組織協議案です。ぜひ、正面から受け止めてあげてください。本書が、大会チームが込めた未来への期待を伝える一助になりましたら幸いです。

著者紹介 **小林 元（こばやし・はじめ）**

1972年静岡県生まれ。広島大学大学院修了、博士（農学）。一般社団法人日本協同組合連携機構（JCA）常務理事。専門は協同組合論、農産物市場論。主な著書に『次のステージに向かうJA自己改革　短期的・長期的戦略で危機を乗り越える』（2017年、家の光協会）、『JAのいま、これからの未来　組織基盤・経営基盤強化に向けて』（2020年、家の光協会）ほか。

デザイン・DTP　東京カラーフォト・プロセス株式会社
校正　聚珍社

# JAの未来を拓く13のキーワード
## ～第30回JA全国大会決議の実践に向けて～

2024年10月20日　第1刷発行

著　者　小林元
発行者　木下春雄
発行所　一般社団法人 家の光協会
〒162-8448　東京都新宿区市谷船河原町11
電話　03-3266-9029（販売）
03-3266-9028（編集）
振替　00150-1-4724
印刷・製本　中央精版印刷株式会社


ISBN 978-4-259-52207-0 C0061